Kommunikationsfallen erkennen und vermeiden

Anja von Kanitz

1. Auflage

Inhalt

Vorwort

Fallen sind gewöhnlich versteckt. Es gibt sie, aber sie sind eben nicht offensichtlich. Sieht und erkennt man sie, sind sie wirkungslos. Man kann sie einfach umgehen. Diese Technik können wir uns auch in der Kommunikation zunutze machen.

Kommunikation ist ein komplexer Vorgang. Vieles, was wir tun, wenn wir kommunizieren, ist uns nicht bewusst und wirkt versteckt. Es gibt zahlreiche Fallen, in die man tappen kann – Fallen, die man sich versehentlich selbst gestellt hat, oder solche, in die andere einen hineinlaufen lassen. Kommunikationsfallen können dazu führen, dass man nicht ernst genommen wird, sich aufregt, sich verzettelt, nicht verstanden wird, andere abschreckt, über den Tisch gezogen wird, das Ziel eines Gesprächs nicht erreicht etc. Es gibt viele Formen des Scheiterns in der Kommunikation.

Dieser TaschenGuide hilft Ihnen, diese Fallen zu entdecken. Er zeigt Ihnen Wege und Strategien auf, sie zu umgehen oder unwirksam zu machen. Ziel aller Empfehlungen ist dabei, Kommunikation möglichst klar, verständlich, verantwortungs- und wirkungsvoll zu gestalten.

Viel Spaß bei der Lektüre wünscht Ihnen

Anja von Kanitz

Warum Kommunikation so kompliziert ist

Wie kann es sein, dass wir immer wieder in schwierige und unbefriedigende Gesprächssituationen geraten, selbst dann, wenn wir uns aufrichtig bemühen, gut zu kommunizieren?

In diesem Kapitel erfahren Sie u. a.,

- wie komplex das tägliche Kommunizieren ist,
- welche kommunikativen Fallstricke uns ins Straucheln bringen können,
- warum Frauen und Männer mal mehr und mal weniger unterschiedlich kommunizieren und
- welchen Einfluss das Umfeld auf Ihren Kommunikationserfolg hat.

Die enorme Wirkung der Kommunikation

Nichts hat die Entwicklung der Menschheit so rasant befördert wie die Fähigkeit, über die sog. Lautsprache zu kommunizieren, also in Form von bedeutungstragenden Worten und Sätzen miteinander zu reden. Mittels dieser Sprache können wir Informationen differenzierter vermitteln. Wir können damit mehr bewirken, als wir es mit Gesten, Grunzlauten oder Bellen je könnten. Die Sprache hat es uns Menschen ermöglicht, komplexes Wissen fassbar und anderen zugänglich zu machen – über Generationen, Zeiten und Kontinente hinweg.

> Ohne Sprache und Kommunikation wäre das meiste, was unser Menschsein und Leben heute ausmacht, nicht denkbar.

Die Facetten der Kommunikation sind so vielfältig und faszinierend, dass es falsch wäre, sie auf die mit ihr verbundenen Risiken und Fallen zu reduzieren. Schließlich beruht so manches, das uns das Leben schöner und reicher macht und über schwierige Zeiten hinweghilft, auch auf Kommunikation: Freundschaften, Trost, Ermutigung, Lernen und Wissen. Und trotzdem vergeht kaum ein Tag, an dem man neben der nützlichen und beglückenden Seite nicht auch mit der verstörenden und irritierenden, öfters auch frustrierenden oder ärgerlichen Seite von Kommunikation in Berührung käme.

Mit diesem TaschenGuide richten wir unser Augenmerk genau darauf: auf die eher heiklen Aspekte der menschlichen Kommunikation, dahin, wo Risiken lauern, wo Kommunikation störanfällig ist, unbefriedigend, weniger oder nicht erfolgreich.

Was das Kommunizieren so störanfällig macht

Auch gut gemeinte Kommunikation kann scheitern. So führt ein als Aufmunterung gedachter Witz nicht zu Lachern, sondern zu betretenem Schweigen. Ein Kompliment wird als »plumpe Anmache« verstanden, ein Verhandlungsangebot als Frechheit ausgelegt.

> Kommunikation ist per se störanfällig. Die Möglichkeit, dass das, was wir ausdrücken wollen, anders verstanden wird, ist in jeder Kommunikationssituation gegeben. Genauso real und allgegenwärtig ist die Gefahr, dass wir die Worte anderer nicht so verstehen, wie sie sie gemeint haben.

Ist schon wohlwollende Kommunikation störanfällig, gilt dies erst recht für destruktive, so z. B. in Situationen, in denen eine Person eine andere bewusst verletzen will, über den Tisch zieht, austrickst. In solchen Fällen ist ihr ohnehin nicht an einer gelingenden Verständigung gelegen, sondern daran, die eigenen Interessen durchzusetzen – auch auf Kosten von anderen. Wir begeben uns in der Kommunikation mit anderen immer potenziell auf Glatteis. Verständigung ist nicht selbstverständlich, sondern das Ergebnis gemeinsamen Bemühens. Wenn eine Person nur ihre eigenen Interessen im Auge hat und dem Gegenüber und dessen Anliegen wenig Respekt entgegenbringt, wird es schwierig, eine gute Form der Verständigung zu finden. Aber auch wenn sich beide Seiten redlich um Verständigung bemühen, führt dies nicht selbstverständlich zu einem befriedigenden Ergebnis. Dafür gibt es Gründe, die im Kommunikationssystem selbst angelegt sind.

Die menschliche Kommunikation birgt ein paar grundlegende Risiken, die Verständigung verkomplizieren und manchmal auch scheitern lassen. Sie können sich diese Risiken wie Fallstricke vorstellen, die überall wie selbstverständlich herumliegen und über die man zwangsläufig öfters einmal stolpert und das ein oder andere Mal auch stürzt.

Jeder Mensch spricht und versteht anders

Kommunizieren lernen wir in unserem spezifischen Umfeld von uns nahestehenden Menschen. Es gibt dafür keinen Lehrplan und keine besonderen Übungen. Was man lernt, wie man es lernt, welche Vorbilder man hat, wie erfolgreich man das Gelernte letztlich einsetzt, das alles ist, vor allem in der Kindheit, zunächst einmal Zufall und auch Schicksal. Sprache und Sprechen sowie Kommunikationsstrategien nehmen wir weitgehend unbewusst auf, von Tag 1 der Geburt an. Millionen dafür notwendige Neuronenverbindungen im Gehirn bilden sich und werden zu Netzwerken, die unsere Sprache und die ganz eigenen Erfahrungen damit miteinander verknüpfen. Dieses Sprache steuernde Netzwerk korrespondiert wiederum mit anderen

Neuronennetzwerken im Gehirn, z. B. mit den Bereichen, die für Bewegungssteuerung, Wahrnehmung, Emotionen zuständig sind.

Die neuronalen Netzwerke sind in jedem Gehirn anders verknüpft. Und alle diese Verbindungen verändern sich lebenslang, je nachdem, welche neuen Informationen und Erfahrungen in dieses System eingespeist werden. Entsprechend hat jeder Mensch, mit dem Sie kommunizieren, ein anderes Sprachnetzwerk im Gehirn als Sie. Jeder Ihrer Gesprächspartner, mit denen Sie je zu tun haben werden, versteht, empfindet und gebraucht Sprache anders als Sie selbst. Was darf man sagen, was nicht? Was ist normal, was nicht? Was gebietet die Höflichkeit? Was gilt als lustig, was als ungehörig? Wie geht man vor, wenn man etwas erreichen will? Ist Brüllen eine gute Strategie? Drohen? Bitten? Argumentieren? Viele Menschen, mit denen Sie täglich zu tun haben, werden zu diesen Fragen unterschiedliche Vorstellungen und Gewohnheiten haben, ohne auch nur einmal darüber nachgedacht zu haben.

Wir alle haben Kommunikation unterschiedlich erlernt und verfügen daher über unterschiedliche kommunikative Kompetenzen und Muster. Reibungslose Verständigung ist daher nicht selbstverständlich. Kommunikationsprobleme, Missverständnisse und Störungen sind normal. Wenn wir das akzeptieren, können wir in schwierigen Kommunikationssituationen gelassener bleiben und gezielter nach Lösungen suchen.

Unzählige Kombinationsmöglichkeiten von Sprache und Körpersprache

Als Mittel der mündlichen Kommunikation haben wir drei Ausdrucksformen, die immer gleichzeitig miteinander wirken.

Die drei Ausdrucksformen	
Verbal	Welche Worte wähle ich? Welche Sätze bilde ich? Welchen Sprachstil habe ich?
Paraverbal	Betrifft alles, was zusammen mit den Worten hörbar ist, z. B. Stimme, Betonung, Satzmelodie, Artikulation etc.
Extraverbal	Alles, was losgelöst vom Wort wirkt, z. B. Mimik, Gestik, Haltung, Blick etc.

Allein auf der verbalen Ebene gibt es zig verschiedene Möglichkeiten, ein und denselben Sachverhalt auszudrücken – hier im Beispiel die Kritik an einem Textentwurf.

BEISPIEL

1. »Der Entwurf ist einfach Mist.«

2. »Frau Müller, ich habe mir den Entwurf angesehen. So können wir den nicht rausschicken. Die Struktur finde ich passend. Auch die Inhalte finde ich gut gewählt, aber insgesamt ist er zu lang und einige Fehler sind auch noch drin.«

3. »Sie glauben doch nicht im Ernst, dass man so einen fehlerhaften Text rausschicken kann?!«

4. »Der Entwurf muss noch mal überarbeitet werden: Sie müssen ihn kürzen, vor allem das Kapitel 3. Und eine gründliche Rechtschreibkontrolle ist auch wichtig.«

5. »Schon wieder so ein lausiger Text! Lernen Sie's denn nie?«

Alle fünf Aussagen sind als Kritik an einem Text zu verstehen. Trotzdem wirkt jede Aussage anders. Wenn Sie sich vorstellen, Sie hätten den kritisierten Text geschrieben, können Sie vermutlich sehr genau nachvollziehen und spüren, wie entscheidend die Wortwahl für die Wirkung ist.

Zu den vielen verschiedenen Möglichkeiten, einen Sachverhalt in Worte zu fassen, kommen noch die zahlreichen Mittel des para- und extraverbalen Ausdrucks hinzu: Wie klingt die Stimme? Was wird betont? Ist der Tonfall versöhnlich, schnippisch, ironisch, sachlich? Klingt die Sprechmelodie nüchtern, befehlend, zweifelnd, erheitert? War der Blick während des Sprechens wohlwollend, skeptisch, gelangweilt? Legte sie die Stirn in Falten und/oder den Kopf schräg? Atmet er auf einen Vorschlag hin vernehmbar aus? Ist seine Handbewegung abfällig oder resigniert? Deutet sie ein Lächeln an? Wenn ja, ist es wohlwollend oder hämisch?

BEISPIEL

Je nachdem, wie Sie diesen Satz betonen, verändert sich seine Bedeutung:

1. Findest du ihn **sympathisch**? (Ist das Gefühl Sympathie, das du für ihn empfindest?)
2. Den findest **du** sympathisch? (Kann ich nicht verstehen. ICH finde ihn furchtbar.)
3. **Den** findest du sympathisch? (Zum Beispiel in Kombination mit einer Zeigegeste auf eine bestimmte Person: Ist es dieser Typ, den du sympathisch findest?)

Verbunden mit unterschiedlichen Gesichtsausdrücken verändert sich die Bedeutung wieder: Satz 1 verbunden mit einem Lächeln könn-

te eine vertrauliche Frage sein (à la »Mir kannst du's doch sagen«).
Verbunden mit einem kritischen Blick und entsprechendem Tonfall
könnte auch mitschwingen: »Das darf doch nicht wahr sein!« Baut
sich jemand wütend auf und spricht er mit lauter Stimme, könnte diese Frage auch eine Drohung sein im Sinne von: »Das ist doch das
Allerletzte. Der hat uns das Ganze eingebrockt und du sagst, er ist
sympathisch?«

Die Wahl unserer Worte (verbale Ebene) kombiniert mit der Art,
wie wir sie sprechen und betonen (paraverbale Ebene), wiederum kombiniert mit der Art, wie wir sie körpersprachlich unter
anderem durch Mimik und Gestik begleiten (extraverbale Ebene), eröffnet uns eine unbegrenzte Zahl an Kombinations- und
Ausdrucksmöglichkeiten. So zahlreich diese sind, sind auf der
anderen Seite auch die Deutungsmöglichkeiten von denjeni-
gen, die hören und sehen, was wir sagen und wie wir etwas
sagen. Nicht immer wird das, was wir ausdrücken wollen, in
unserem Sinne gedeutet. In jeder Kommunikation muss unser
Gegenüber das von uns Gesagte entschlüsseln und mit seinem
Verständnis erfassen. Beim Entschlüsseln so vieler gleichzei-
tiger, manchmal mehrdeutiger Signale geht häufiger etwas
schief.

Oft sind es körpersprachliche Signale, die zu Irritation führen.
Da wird ein Blick als kühl erlebt, ein Lächeln als Einladung, eine
Geste als abfällig, auch wenn diese Wirkung gar nicht beab-
sichtigt war. Wenn der Inhalt des Gesagten und die nonver-
balen Signale nicht zusammenpassen, bezeichnet man das im
Fachjargon der Kommunikationsforscher auch als inkongruente

Botschaften oder Double Bind. In diesen Fällen wird meistens der körpersprachlichen Aussage mehr Bedeutung zugemessen.

BEISPIEL

> Sagt jemand zu Ihnen: »Ich freue mich sehr, dass Sie gekommen sind«, schaut er dabei aber gleichgültig und teilnahmslos, werden Sie Zweifel haben, ob Sie wirklich willkommen sind, trotz anderslautender Behauptung.

Minimale Veränderungen in Betonung, Stimmklang, Augenaufschlag oder Bewegungsmuster, können einer Aussage einen völlig anderen Charakter oder auch Bedeutung geben.

Eine Aussage – vier Botschaften

Wenn wir sprechen, transportieren unsere Aussagen potenziell Botschaften auf mehreren Ebenen. Der Kommunikationswissenschaftler Friedemann Schulz von Thun hat dies die »Vier Seiten einer Nachricht« genannt. In jeder Kommunikation geben oder empfangen wir – ob wir es wollen oder nicht – Informationen auf vier Ebenen.

Die vier Seiten einer Nachricht	
Sachebene	Worum geht es in dieser Aussage? Welcher Sachverhalt wird angesprochen?
Beziehungsebene	Wie stehen wir zueinander? Wie darf ich mit dir umgehen? – Hinweise zur Beziehung werden häufig körpersprachlich vermittelt, z. B. mit Blick, Tonfall, Stimmklang, Gesten etc.

Die vier Seiten einer Nachricht

Selbstoffenbarungs-ebene	Was zeige ich von mir? Was sagt das, was und wie ich etwas sage, über mich aus? Wie geht es mir mit dem Sachverhalt/der Gesprächs-situation/dem Gegenüber? Auch hier sind neben verbalen Aussagen häufig die Sprechweise und die Körpersprache wichtige Informations-quellen.
Appellebene	Was will ich mit dem Gesagten erreichen? Zumeist will man etwas bewirken mit dem, was man sagt. Nicht immer ist dieser Appell eindeutig formuliert. Viele erwarten, dass die andere Person heraushört, was man eigentlich möchte. Dies nennt man dann versteckter Appell.

(handschriftliche Notizen: Wünsche / Bedürfnisse / Forderungen)

Die vier Ebenen lassen sich gut an Loriots bekanntem Dialog über ein Ei erläutern.

BEISPIEL

»Berta, das Ei ist hart.«

Sachebene: Fakt ist, dieses Ei ist hart gekocht.

Beziehungsebene: Je nachdem, kann hier ein Vorwurf herausgehört werden. »Wie kommst du dazu, mir ein hartes Ei zu servieren?«, oder: »Bist du zu doof, ein weiches Frühstücksei zu kochen?«

Selbstoffenbarungsebene: Je nach Betonung und Körpersprache könnte die Botschaft sein: »Ich mag keine harten Eier«, oder: »Ich bin genervt. Schon wieder ein hartes Ei zum Frühstück!«, oder (enttäuscht): »Ich habe mich so auf ein weiches Ei gefreut!«

Appellebene: »Bitte serviere mir (jetzt und/oder in Zukunft) ein weiches Ei!«

Bei Loriot geht der Streit auf der Sachebene weiter, nämlich mit der Frage, ob das Ei tatsächlich hart sei. Das ist vor allem deshalb komisch, weil der folgende Konflikt gar nicht auf der Sachebene liegt, sondern auf der Beziehungsebene: Ist Berta dafür zuständig, ihm weiche Eier zu kochen? Darf er sich, wenn das Eierkochen misslingt, bei ihr beschweren, und wenn ja, in welchem Ton? Sein Appell und vermutlich sein eigentliches Anliegen (»Ich hätte gern ein weiches Ei.«) gehen im Streit völlig unter.

Ähnliche Szenen spielen sich täglich in Meetings ab, wo offiziell darüber gestritten wird, ob die Software A oder B besser ist (Sachfrage), es in Wirklichkeit aber darum geht, ob Herr Müller oder Frau Meier sich durchsetzt (Machtfrage auf der Beziehungsebene).

Da in jeglicher Kommunikation immer alle vier Ebenen direkt oder indirekt mit bedient werden und das Gegenüber auch potenziell auf vier Kanälen gleichzeitig Informationen empfängt und interpretiert, ist Kommunikation sehr komplex. Schulz von Thun spricht in diesem Zusammenhang von den vier Ohren der Empfänger/innen. Manche Menschen haben ein Ohr übergroß entwickelt; das ist sozusagen ihr Lieblingsohr. Sie hören eine Ebene besonders gern oder besonders deutlich heraus. Entsprechend können andere Empfangskanäle auch unterentwickelt sein.

BEISPIEL

> »Es zieht.« Jemand mit großem Appellohr wird eine Bitte hören und entsprechend reagieren, z. B.: »Soll ich das Fenster schließen?« Jemand mit großem Sachohr könnte sagen: »Stimmt. Das kommt vom Fenster.« Jemand mit großem Beziehungsohr hört vielleicht einen Vorwurf und verteidigt sich: »Ich habe das Fenster nicht aufgemacht!«, oder: »Wieso sagst du mir das?« Die Selbstoffenbarungsebene favorisieren die wenigsten Menschen einfach so. Meist wird die Wahrnehmung dieser Ebene beruflich trainiert, z. B. in therapeutischen oder Beratungsberufen. Eine Reaktion könnte sein: »Fühlen Sie sich unwohl damit?«, oder: »Ist dir kalt?«

Nicht nur bei Loriot führt Kommunikation zu lustigen oder entgleisenden Situationen. Auch in unserem Alltag kommt es dazu, weil die eigenen Anliegen ungeschickt ausgedrückt werden, jemand eine Aussage mit seinem Lieblingsohr verzerrt hört und entsprechend reagiert oder Streitigkeiten auf der Sachebene diskutiert werden, obwohl der Streitpunkt ganz woanders liegt.

Eine Übung, mit der Sie Ihr Gespür für die unterschiedlichen Deutungen trainieren können, finden Sie auf haufe.de/mybook nach Eingabe des Codes TGA-HL12 in der Rubrik »Kommunikation & Soft Skills«.

Männersache – Frauensache? Geschlechtsstereotype

Wir haben das Kommunizieren weitgehend unbewusst von unterschiedlichen Menschen und Vorbildern aus unserer Umgebung gelernt. Ebenso unbewusst übernehmen wir dabei Kommunikationsmuster, die traditionell typischerweise Frauen oder Männern zugeschrieben werden. Das betrifft die Wortwahl, aber auch unsere Sprechweise und Körpersprache. Kommunikation ist, genauso wie das Einparken von Autos, erlerntes Verhalten.

Vom kommunikativen Potenzial her gibt es keinen Unterschied zwischen Männern und Frauen. Männer können einfühlsam und kooperativ, Frauen können dominant und hart kommunizieren – und umgekehrt. Trotzdem lässt es sich beobachten, dass Frauen und Männer unterschiedliche Kommunikationsmuster bevorzugen. Obwohl beide das gleiche Inventar an Ausdrucksmöglichkeiten und Kommunikationstechniken zur Verfügung haben, gebrauchen sie es nicht auf die gleiche Weise. Wenn Männer oder Frauen bestimmte kommunikative Werkzeuge intensiver nutzen als andere, hat dies keine biologische Ursache. Gesellschaftliche Vorbilder aus dem persönlichen Nahfeld einer Person, aber auch aus Film, Fernsehen, Werbung legen bestimmte Kommunikationsmuster für Männer und Frauen nahe bzw. drängen sie ihnen auf. Auch Erfahrungen, mit welchem Verhalten man die beste Rückmeldung bekommt und etwas erreicht, wirken prägend.

BEISPIEL

Ist die Erwartungshaltung an Mädchen, sie sollen zurückhaltend, nicht zu laut, fürsorglich und sozial sein, werden sie sich bemühen, so zu werden. Damit finden sie mit ihrem Verhalten in ihrem Umfeld bessere Akzeptanz, als wenn sie laut, fordernd und ohne große Rücksicht auf ihre Mitmenschen vor allem auf ihren eigenen Erfolg hin arbeiten. Wird von Jungen erwartet, sich nicht alles gefallen zu lassen, sich

durchzusetzen, Schmerz und Niederlagen ohne Gejammer wegzu-
stecken, Erfolg anzustreben, werden sie sich bemühen, so zu werden.
Damit erhalten sie mehr positive Rückmeldung, als wenn sie diesen
Erwartungen nicht entsprechen.

Die unterschiedliche Erwartungshaltung an Jungen und Mädchen wirkt auch im Erwachsenenalter nach. Die Medienwissen-
schaftlerin Caja Thimm brachte es auf den Punkt, dass Frauen in
einigen Situationen, wie in der Politik oder am Arbeitsplatz, mit
ganz grundsätzlichen Formen von Widerstand rechnen müssen.
Die herkömmlichen »typisch weiblichen« Kommunikationsfor-
men funktionieren im beruflichen Umfeld nur in bestimmten Situationen, z. B. in der Beratung und im Coaching. Nutzen Frauen
für andere Situationen, in denen Durchsetzung gefragt ist, Mittel, die traditionell als »typisch männlich« angesehen werden,
ernten sie statt Anerkennung oft auch negative Resonanz. Bei
Männern wird durchsetzungsstarkes Verhalten hingegen meist
als positiv angesehen. Das Nebeneinander von alten Rollener-
wartungen und neuen Aufgaben und Notwendigkeiten erweist
sich in unserer gesellschaftlichen Umbruchsituation als Fallstrick
für Frauen. In bestimmten Kommunikationssituationen können
sie es einfach nicht »richtig« machen. Kritik und Ablehnung sind
also vorprogrammiert. Männer kommen in ähnlich paradoxe
Situationen, in der ihre traditionell orientierte geschlechtstypi-
sche Erziehung nicht mehr zu dem passt, was heute privat und
im Job von ihnen erwartet wird.

Ein weiterer Fallstrick in der Kommunikation ist, dass man Män-
nern/Frauen fälschlicherweise bestimmte Eigenschaften zu-
oder abspricht und sie entsprechend unterschiedlich behandelt.

BEISPIEL

Frauen erleben im beruflichen Kontext immer wieder, dass sie nicht als fachlich kompetent und gleichwertig angesehen werden, sondern dass man ihnen gegenüber entweder bevormundend und beschützend reagiert, sie unabhängig von ihrer Ausbildung für Hilfsdienste abstellt (»Frau Kron, machen Sie uns doch mal einen Kaffee!«), oder sie vor allem als begehrenswertes Wesen wahrnimmt. Ihre Vorschläge werden in Meetings häufiger überhört, ihre fachliche Autorität weniger respektiert, sie werden häufiger unterbrochen, ungeachtet ihrer real vorhandenen Expertise und Leistung.

Von Männern, die körperliche Stärke und Fitness ausstrahlen, erwartet man, dass sie sich durchsetzen, z.B. in einer Verhandlung. Man traut ihnen mehr zu und gibt ihnen früher als anderen entsprechende Verantwortung – unabhängig von ihren eigentlichen Fähigkeiten. Dieser Trend ist mittlerweile so ausgeprägt, dass eine männlich-athletische Figur und Sportlichkeit auf der Managementebene von Firmen fast eine Einstellungsvoraussetzung ist (www.welt.de/wirtschaft/article151927784/Golf-ist-out-Manager-brauchen-jetzt-den-Kick.html).

Natürlich sind athletisch gebaute Männer nicht die besseren Verhandler oder Manager und gutaussehende Frauen sind nicht per se schutzbedürftig und an Flirts interessiert. Solange jedoch solche unbewussten Verknüpfungen von Aussehen, Geschlecht und Eigenschaften aktiv sind, führt dies dazu, dass Frauen auf mehr Vorbehalte treffen, wenn sie in einer Expertinnen- oder Führungsrolle auftreten und dass sie kritischer gesehen werden, wenn sie sich in der Kommunikation anders verhalten, als es den traditionellen Erwartungen entspricht. Auf Männern lastet entsprechend von früh an ein stärkerer Druck, sich zu beweisen und den teilweise überhöhten Erwartungen gerecht zu werden. Gelingt ihnen das nicht, wird das Scheitern häufig als stärker existenziell bedrohlich empfunden, weil es für Männer neben dem beruflichen Erfolg noch kein gesellschaftlich akzeptiertes Alternativmodell gibt (z. B. Hausmann). Dass Frauen und Männer unterschiedlich behandelt werden und ihr Kommunikationsverhalten unterschiedlich kritisch bewertet wird, ist in der heutigen Übergangszeit, wie Caja Thimm dieses Nebeneinander von alten Rollenbildern und neuen gesellschaftlichen Realitäten nennt, nicht immer und überall so. Aber in kommunikationswissenschaftlichen Studien lässt sich nach wie vor zeigen, dass Frauen, die selbstbewusst kommunizierend auftreten, negativer beurteilt werden als Männer mit vergleichbarem Verhalten.

> Die kommunikative Realität, der Männer und Frauen in Öffentlichkeit und Job begegnen, unterscheidet sich. Entsprechend unterschiedlich sind auch ihre bevorzugten Kommunikationsstrategien und -fallen.

Der Globe: das gesellschaftliche Umfeld für Kommunikation

Die Psychoanalytikerin Ruth Cohn hat sich intensiv damit auseinandergesetzt, wie Kommunikation in Gruppen, die miteinander an Themen arbeiten, möglichst gut gelingen kann. Sie hält das Ausbalancieren von vier Faktoren für entscheidend, dargestellt im sog. TZI-Modell (TZI = Themenzentrierte Interaktion): Neben den Faktoren ICH (das einzelne Individuum mit seiner Biografie), WIR (die Beziehung der Einzelnen zueinander; die Fähigkeit als Gruppe zu kooperieren), ES (die verbindende Sache, wegen der man zusammenarbeitet/miteinander redet) spielt der sog. Globe eine wesentliche Rolle. Der Globe ist das

Umfeld, in dem Kommunikation stattfindet. Damit gemeint ist der Raum, die Institution, die Gesellschaft, der historische Zeitpunkt. Jeder Globe hat seine eigenen geschriebenen und ungeschriebenen Regeln. Im Globe eines Gefängnisses gelten andere Regeln im Umgang miteinander als im Globe eines internationalen Dax-Unternehmens.

Kommunikation findet nie im luftleeren Raum statt, sondern ist immer geprägt durch das gesellschaftliche Umfeld. In einem Ihnen unvertrauten Globe werden Sie zwangsläufig mehr Verständigungsprobleme haben als in einem Umfeld, dessen Regeln und Verhaltenserwartungen Ihnen vertraut sind.

BEISPIEL

Frank Roth absolvierte eine Lehre, machte in der Abendschule Abitur, studierte BWL und leitet nun in einem mittelständischen Unternehmen erfolgreich Projekte. Er ist in einer Position, in der er Verhandlungen auf Management-Ebene führen muss. Als Kind eines Facharbeiters und einer Verkäuferin hat er die Werte seiner Eltern verinnerlicht: »Mach deine Arbeit ordentlich, diszipliniert, verantwortlich! Nimm dich nicht so wichtig und sei rechtschaffen!« In Teilen unbekannt ist ihm der Globe auf Management-Ebene, wo es nicht nur darum geht, fachlich einen guten Job zu machen, sondern auch darum, Macht zu erringen. In diesem Globe setzt sich nicht automatisch derjenige durch, der die besten Argumente hat, sondern wer die richtigen Leute auf seine Seite zieht, sich selbst gut darstellen kann und hin und wieder auch bereit ist zu tricksen (»Wenn du mir hier entgegenkommst, dann mache ich für dich ...«). Geschäfte werden nicht nur in Meetings gemacht, sondern auch an der Bar und beim Golfen. Dieser Globe erfordert Fähigkeiten und Verhaltensweisen, die Frank Roth fremd sind und teilweise sogar mit seinen familiären Werten kollidieren. Entsprechend unsicher und unbeholfen fühlt er sich in der Kommunikation in diesem Umfeld.

»Wer den Globe nicht kennt, den frisst er«, sagte einst Ruth Cohn. Sie beschrieb damit sehr treffend die Möglichkeit des Scheiterns, die darin begründet liegt, dass man sich in einem Umfeld bewegt, dessen Regeln man nicht durchschaut oder berücksichtigt. Es ist möglich, in einem fremden Globe erfolgreich zu agieren, aber nur, wenn man das Umfeld analysieren und sein eigenes Verhalten und das der anderen reflektieren kann. Und es ist auch möglich, Einfluss auf den Globe zu nehmen, indem man Dinge ändert, auf die man Einfluss hat. So sind wir geprägt durch den uns umgebenden Globe, aber auch durch das, was wir in unserem Umfeld tun oder unterlassen. Ruth Cohn fasste diesen Gedanken folgendermaßen zusammen: »Wir sind nicht allmächtig, wir sind nicht ohnmächtig, wir sind teilmächtig.«

Übung zur Selbstreflexion

Überlegen Sie: Welcher Globe, welche Globes sind Ihnen vertraut? Wo beherrschen Sie die Regeln und können sich sicher bewegen? Mit welchen Globes kommen Sie in Berührung, die Sie verunsichern? Was verunsichert Sie dort? Wo und wie können Sie Einfluss auf den Sie umgebenden Globe nehmen, z. B. in Ihrem beruflichen Umfeld?

Selffulfilling Prophecy oder: die Spiele der Erwachsenen

Kommunikation beginnt nie bei null. Wenn wir mit anderen kommunizieren, dann tun wir das mit den gesammelten Erfahrungen im Gepäck, die wir mit anderen Menschen gemacht haben. Eric Berne, der Begründer der Transaktionsanalyse – einem auf der Psychoanalyse beruhenden Verfahren zur Erforschung von Interaktionen zwischen Menschen –, nannte diese höchst spezifische und unterschiedliche Vorerfahrung jedes Einzelnen »individuelle Programmierung«. Mit diesem Erfahrungshintergrund und entsprechenden Perspektiven und Kommunikationsgewohnheiten begegnen wir neuen Situationen. Dabei ist es häufig so, dass wir positive oder negative Erfahrungen mit vergleichbaren vergangenen Situationen oder mit ähnlichen Personen eins zu eins auf die Hier- und Jetzt-Situation übertragen.

Eine Übertragung alter Gefühle und Haltungen auf aktuelle Herausforderungen ist immer dann besonders wahrscheinlich, wenn man (negative) Erfahrungen mit vergangenen Situationen/Personen nicht bewusst verarbeiten, verstehen und vielleicht auch abschließen konnte.

BEISPIEL

Hat eine Person (A) erniedrigende Erlebnisse mit Personen in einem hierarchischen Kontext gemacht (z. B. Eltern, Lehrer, frühere Vorgesetzte), wird diese Erfahrung ihr Erleben kommender Begegnungen in Hierarchie-Situationen beeinflussen. Sie wird einer hierarchisch höher gestellten Person (B) in einer aktuellen Situation wahrscheinlich nicht so entspannt und selbstbewusst gegenübertreten, wie sie in anderen Beziehungen auftritt, sondern sich vielleicht misstrauischer, unterwürfiger, vielleicht aber auch aufsässiger oder trotziger als gewöhnlich verhalten – entsprechend dem Kommunikationsmuster, das sie sich in der Vergangenheit für solche Situationen zugelegt hat. A wird das Verhalten von B nicht unbefangen aufnehmen. Aussagen oder Verhaltensweisen von B, die andere neutral oder sogar positiv erleben würden, deutet A kritisch oder negativ. Ihr Verhalten, z. B. distanziertes, misstrauisches, ängstliches oder latent aggressives Verhalten, löst wiederum bei B Gefühle und damit Reaktionen aus, die manchmal denen ähneln, die A aus früheren Beziehungen kennt. So provoziert das

> Verhalten von A die Verhaltensweisen, die sie eigentlich befürchtet.
> Person B wird damit zum Mitspieler einer negativen Dynamik, ohne
> das bewusst wahrzunehmen oder beabsichtigt zu haben.

Sie kennen das im Beispiel beschriebene Phänomen vielleicht unter dem Begriff Selffulfilling Prophecy. Es passiert täglich tausendfach, dass solche selbsterfüllenden Prophezeiungen eintreten. Mal sind wir diejenigen, die durch unser Verhalten bei anderen bestimmte Muster aktivieren. Mal sind wir diejenigen, die auf das Verhalten anderer fast reflexhaft in einer bestimmten Form reagieren und »mitspielen«, ohne es bewusst wahrzunehmen oder zu wollen. Problematisch wird dies erst dann, wenn die »Spiele der Erwachsenen«, wie Eric Berne das nannte, einen destruktiven Charakter haben und befriedigende Beziehungen und Lebensentwürfe behindern.

Ein Risiko für gelingende Kommunikation kann auf beiden Seiten liegen. Zum einen, wenn wir selbst problematische Erlebens- und Verhaltensgewohnheiten haben und es uns durch das Ausleben dieser Gewohnheiten in der Kommunikation gelingt, bei anderen immer wieder die gleichen unbefriedigenden Szenarien zu provozieren. Die Kommunikation verläuft dann immer ähnlich und endet vorhersehbar unbefriedigend mit der Bestätigung des negativen »Lieblingsgefühls«, z. B. »Wusste ich's doch, Chefs sind ...«, oder: »Warum ausgerechnet ich?« Das andere alltägliche Risiko besteht darin, dass wir unversehens in Spiele von anderen hineingezogen werden und dabei Mitspieler in einem aussichtslosen und frustrierenden Beziehungsszenario werden.

Viele der in diesem Band aufgelisteten Kommunikationsfallen beruhen auf diesen interaktionellen Verstrickungen und kommunikativen Wechselwirkungen. Mit unserem Verhalten lösen wir beim Gegenüber bestimmte Reaktionen aus, die wir nicht beabsichtigt haben und die unseren eigentlichen Gesprächszielen entgegenstehen (siehe dazu näher das Kapitel »Fallen, die wir uns selbst stellen«). Und umgekehrt: Unser Gegenüber bringt uns durch seine Kommunikationsbeiträge – oder Transaktionen, wie Berne das nennt – zu unüberlegten Reaktionen und Verhaltensweisen, die uns eher schaden als nutzen (siehe hierzu auch das Kapitel »Fallen, die uns andere stellen«).

Kommunikationsfallen

Neben den allgemeinen Risiken des Missverstehens und Scheiterns in der Kommunikation gibt es ganz konkret beschreibbare Verhaltensweisen, die häufig zu Kommunikationsschwierigkeiten führen. Nennen wir sie der Einfachheit halber Kommunikationsfallen. Gemeint sind damit Verhaltensweisen, die (im deutschsprachigen Sprachraum) häufig zu Missverständnissen, Störungen und Misserfolgen in der Kommunikation führen. Es handelt sich um Kommunikationsmuster, die oft anzutreffen sind, trotzdem aber nicht sofort erkannt und so zu Fallen werden, für einen selbst oder andere. Es gibt sehr unterschiedliche Fallen, die auf ganz unterschiedliche Art und Weise wirken. Grob unterscheiden können wir zwischen Kommunikationsfallen,

- die man sich durch sein eigenes Verhalten selbst stellt (z. B. ungünstige rhetorische Strategien, nicht zur Situation oder eigenen Rolle passende Sprechweise etc.),

- die einem andere bewusst oder unbewusst stellen, um zu verunsichern, zu provozieren oder andere handlungsunfähig zu machen (z. B. Imponiertechniken, Angriffe, Täuschungen).

Fallen können ihre Wirkung nur dann entfalten, wenn wir unbedacht in sie hineintappen. Erkennen wir potenziell störende Kommunikationsmuster bei uns oder anderen, können wir auf sie Einfluss nehmen. Wir können unsere kommunikativen Kompetenzen weiterentwickeln, indem wir uns Wissen zu diesem Thema aneignen, das eigene Verhalten reflektieren, uns von nicht hilfreichen Kommunikationsmustern lösen und unser Repertoire um neue kommunikative Strategien erweitern. Wir sind nicht gezwungen, immer wieder in die gleichen Fallen zu tappen. Wir können sie als Fallen erkennen und Wege und Mittel finden, sie zu umgehen. Wir können lernen, Kommunikationssituationen bewusst zu gestalten. Unser Gehirn ist ein plastisches Organ und darauf angelegt, zu lernen und sich zeitlebens weiterzuentwickeln – das betrifft auch unser Kommunikationsverhalten.

> Wichtig im Umgang mit Kommunikationsfallen ist, dass Sie sie erkennen – bei sich und bei anderen. Sobald Sie erkennen, »was da gespielt wird«, können Sie die Situation durch bewusstes Handeln beeinflussen.

Fallen, die wir uns selbst stellen

Warum sollten wir uns selbst Kommunikations-fallen stellen? Absichtlich bringen wir uns natürlich nicht in eine nachteilige Position. Trotzdem passiert dies weit häufiger als gedacht, weil vieles in der Kommunikation unbewusst abläuft.

In diesem Kapitel erfahren Sie u. a.,

- warum Druck meist wenig überzeugend auf andere wirkt,
- welche Folgen es hat, wenn wir nicht sagen, was wir denken und wollen,
- warum Angriff nicht immer die beste Verteidigung ist.

Viel reden

In diese Falle geraten Menschen oft, wenn sie von etwas sehr überzeugt sind oder sie etwas unbedingt wollen. Sie möchten bei ihrem Gegenüber eine ganz bestimmte Wirkung erzeugen und versuchen dies mit hoher Intensität zu erreichen.

Erkennungsmerkmale und Wirkung

Die Betroffenen reden viel und oft auch schnell. Sie haben weit über 50 Prozent Redeanteil im Gespräch. Sie gehen nicht oder nur am Rande auf das ein, was ihr Gegenüber ihnen entgegenhält. Da sie viel reden, machen sie keinen Unterschied zwischen Wichtigem und Unwichtigem. Beides vermischt sich im Redestrom. Bei Zweifeln, Gleichgültigkeit oder Widerspruch des anderen geben sie noch mehr Gas, reden also noch mehr und nachdrücklicher. Andere fühlen sich von einem solchen Verhalten bedrängt. Je drängender der/die andere redet, desto mehr verschließen sie sich gegen das Gesagte oder halten dagegen, obwohl sie ursprünglich gar nicht grundsätzlich abgeneigt waren. Sie schützen sich vor dem Drängen des anderen durch Abwehr und starres Beharren. Dieses Phänomen nennt man auch Reaktanz.

Die Aufnahmekapazität des menschlichen Gehirns ist begrenzt. Redet jemand viel am Stück und vielleicht auch noch ohne Pause, wird ein Teil des Gesagten im Hirn des Gegenübers nicht verarbeitet und geht verloren.

Wenn in Gesprächen mit Hierarchie-Unterschied (Vorgesetzte/ Mitarbeiter oder Eltern/Kind) die hierarchisch höhere Person viel redet, bekommt dieses Vielreden oft Predigtcharakter. Das Gegenüber spürt, dass es selbst nicht gefragt ist, schaltet auf Durchzug und wartet nur, »bis es vorbei ist.«

In konträren Diskussionen greifen die Gesprächspartner/innen aus den überlangen Redebeiträgen der Vielredner meist gezielt die unwichtigen Aspekte oder schwachen Argumente auf. Wer viel redet, hat Schwierigkeiten, das Wesentliche zu fokussieren, und bietet so viel Angriffsfläche. Diese Schwäche können andere leicht ausnutzen.

So umgehen Sie die Falle

Um bei unserem Gegenüber im Gespräch etwas zu bewirken, müssen wir wissen, wie es »tickt«, welche Gründe es für ein bestimmtes Verhalten hat, welche Interessen es verfolgt. Dies erfährt man nicht durch einen Redeschwall, sondern durch Interesse an der Haltung des anderen. Wenn Sie verstehen, warum der eine etwas macht oder was die andere möchte, können Sie Ihre Informationen und Argumente viel gezielter anbringen. Im Idealfall passen sie gut zur Denkweise und zur Gefühlswelt Ihres Gegenübers. Reaktanzverhalten können Sie nur verhindern, wenn der Druck von Ihrer Seite nachlässt. Wenn Sie etwas bei anderen Menschen bewegen möchten, müssen Sie ihnen die Freiheit geben, sich von innen heraus zu bewegen.

> Bremsen Sie Ihren Redefluss. Nehmen Sie nicht mehr als 50 Prozent Redeanteil ein – eher weniger. So können Sie das Gespräch analytischer führen und den Verlauf gezielter steuern.

Empfehlungen

Hören Sie genau hin, was Ihr Gegenüber sagt. Versuchen Sie zu verstehen, was es antreibt. Überlegen Sie, was es bewegen könnte, Dinge anders zu sehen oder zu machen.

Zeigen Sie aufrichtiges Interesse an der Sicht von anderen. Stellen Sie offene Fragen und geben Sie das Gehörte in Ihren eigenen Worten wieder, um zu prüfen, ob Sie es richtig verstanden haben.

Vermeiden Sie lange Redebeiträge. Mehrere kürzere Äußerungen haben einen höheren Effekt. Außerdem sehen Sie nach einem kurzen Redebeitrag sofort die Reaktion des Gegenübers und können gleich darauf eingehen.

Formulieren Sie Ihre Kernanliegen und wichtigen Argumente kurz und knapp. Scheuen Sie sich nicht davor, sie zu wiederholen, damit Ihre Kernbotschaft ankommt.

Beachten Sie die Reaktion auf Ihre Argumente. Haken Sie nach und suchen Sie gezielt nach Schnittmengen zwischen Ihren Anliegen und denen der anderen.

Schnell reden

Viele Menschen tragen ihre Anliegen in sehr hohem Sprechtempo vor. Vielleicht tun sie das, weil sie Angst haben, unterbrochen zu werden. Oder es geschieht, um möglichst viel Info in kurzer Zeit unterzubringen.

Erkennungsmerkmale und Wirkung

Betroffene reden schnell, hastig, machen kaum Pausen und haben wenig Sprechausdruck. Sie können wegen des Tempos auch körpersprachliche Mittel wie Mimik und Gestik nur sehr sparsam einsetzen.

- Schnellsprechende liefern viele Informationen in kurzer Zeit. Ihr Publikum kann in dieser Zeit allerdings nicht alle Informationen verarbeiten und abspeichern. Es bleibt dem Zufall überlassen, was die anderen aufnehmen und sich merken können und was nicht.

- Bei schnellem Sprechen verzichtet man auf wirksame Sprechtechniken, die dem Gegenüber das Verstehen erleichtern, so z. B. auf die paraverbalen Mittel wie sinnunterstreichende Betonung, Tempowechsel, Pausen, abwechslungsreiche Nutzung von Sprechmelodie etc. Die Redeweise ist nicht nur schneller, sondern – was Sprechausdruck und Mimik bzw. Gestik betrifft – auch weniger ausdrucksstark und entfaltet weniger Wirkung.

- Hohes Sprechtempo löst beim Gegenüber unterschiedliche Gefühle aus. Es kann sein, dass es sich gehetzt und überfordert fühlt und einfach abschaltet oder Widerstand entwickelt. Es kann aber auch sein, dass es das gehetzte und oft auch verhuschte Sprechen des bzw. der anderen als Unsicherheit und Schwäche wahrnimmt.

- Mit schnellem Sprechen wird häufig indirekt das Signal gesendet: »Sooooo wichtig ist es auch nicht, was ich da zu sagen habe.« Man entwertet damit den eigenen Beitrag.

So umgehen Sie die Falle

- Nehmen Sie sich den Raum im Gespräch, der Ihnen zusteht. Halten Sie Blickkontakt zu Ihrem Gegenüber und sprechen Sie so sicher und bestimmt, dass man spürt, dass Sie jetzt reden und nicht unterbrochen werden wollen. Die Fähigkeit des sicheren und selbstbewussten Sprechens kann man unter Anleitung in Seminaren zur Rhetorik und Gesprächsführung mit speziell ausgebildeten Trainern (z. B. Sprecherzieher/innen, siehe hierzu näher das Kapitel »Ihr persönlicher Anti-Fallen-Plan«) gezielt weiterentwickeln.

- Trauen Sie sich, lebendig und expressiv zu sprechen. Sie machen es Ihrem Gegenüber dadurch leichter, Ihnen zuzuhören und das, was Sie sagen, innerlich nachzuvollziehen.

- Das Tempo reduzieren Sie erfolgreich durch das passende Setzen von Pausen. Haben Sie eine wichtige Information angeführt, verharren Sie kurz, bevor Sie den nächsten Satz sprechen. Die Pause ist notwendig, damit Ihr Gegenüber die Information verarbeiten und speichern kann. Der gehetzte Eindruck bei Schnellsprechern rührt häufig daher, dass sie ohne Punkt und Komma, d. h. auch ohne Pause, sprechen.

Nur den Verstand ansprechen

Wer ist nicht schon verzweifelt, weil sich sein Gegenüber völlig unempfindlich gegenüber rationalen Argumenten zeigte? Alle vernünftigen Gründe sprechen für einen Standpunkt, trotzdem löst dies keine Bereitschaft auf der Gegenseite aus, irgendetwas zu ändern.

Erkennungsmerkmale und Wirkung

Die Person wiederholt Mal um Mal die gleichen rational vernünftigen und nachvollziehbaren Argumente, auch wenn das Gegenüber darauf gar nicht anspricht. Reagiert das Gegenüber auf diese doch so unschlagbaren Argumente nicht in der gewünschten Form, kommt bei manchen schnell auch ein gereizter oder herablassender Ton hinzu. Er entspringt der Haltung: »Warum versteht dieser Blödmann/diese blöde Kuh das nicht?« Manche kapitulieren aber auch einfach nur und sind frustriert, dass sie mit ihrer Argumentation nichts bewirken.

Warum wir etwas tun oder lassen bzw. warum wir bestimmte Meinungen und Überzeugungen haben, ist niemals allein rational begründet. Werte, Gewohnheiten, Vorlieben, Vorurteile sind für unsere Entscheidungen genauso, wenn nicht sogar stärker ausschlaggebend als vernunftbasierte Gründe.

- Sprechen Sie mit Ihrer Argumentation nur den Verstand einer Person an, erreichen Sie deren andere Persönlichkeitsanteile nicht. Vielleicht sind es nicht rationale Gründe, die für diesen Menschen ausschlaggebend sind.

- Die Meinungen darüber, was vernünftig oder rational geboten ist, unterscheiden sich. Vielen Entscheidungen liegen Werte zugrunde.

BEISPIEL

Wenn jemand als rationales Argument ins Feld führt, dass sich ein Vorgang mit dem Einsatz der Technik X beschleunigen ließe, mag das stimmen und einer rationalen Prüfung standhalten. Aber ist Beschleunigung ein Vorteil? Hat das Gegenüber überhaupt Interesse an Beschleunigung? Was sind die Vor- und Nachteile der Beschleunigung? Ist Beschleunigung für die angesprochene Person kein positiv gewertetes Ziel, wird das rational nachprüfbare Argument wirkungslos bleiben.

- Schon in der antiken Rhetorik wusste man, dass man die Emotionen und den Verstand ansprechen muss, wenn man im Denken, Fühlen oder Handeln des Gegenübers etwas in Bewegung bringen möchte. Man braucht also verschiedene Formen von Argumenten, um Menschen zu erreichen.

So umgehen Sie die Falle

Möchten Sie jemanden von etwas überzeugen, müssen Sie sich intensiv mit seinen Werten und Interessen auseinandersetzen. Wirken können nur Argumente, die damit kompatibel sind. Das können solche sein, die den Verstand ansprechen, aber auch ganz andere Aspekte:

- **Erfahrungen, die Sie oder andere vertraute Personen gemacht haben:** Diese Erfahrungen sollten für die Person, die Sie überzeugen wollen, in Bezug auf das Thema relevant sein. Erfahrungsberichte als Argument leben davon, dass sie plastisch dargestellt und authentisch erzählt werden, so dass ein konkretes Bild entsteht. Wirksam sind Erfahrungen, die Ihr Gegenüber selbst gemacht hat und die auf den jetzigen Fall übertragbar sind. Je glaubwürdiger die Person ist, auf deren Erfahrungen die Erzählung beruht und je besser übertragbar dieses Beispiel auf den jetzigen Fall ist, desto wirksamer ist diese Form der Argumentation.

- **Ziele, die Sie gemeinsam verfolgen oder die Ihr Gegenüber verfolgt:** Wenn Sie deutlich machen können, wie das konkrete Anliegen X mit dem übergeordneten Ziel Y in Verbindung steht, kann dies ein bewegendes Argument sein. Sie müssen dabei wissen, was für Ihr Gegenüber erstrebenswert ist, um überhaupt wirkungsvoll argumentieren zu können.

- **Werte und Normen, denen sich Ihr Gegenüber verbunden fühlt:** Wenn das, wovon Sie die andere Person überzeugen wollen, mit den Werten übereinstimmt, die ihr sehr wichtig sind, sollten Sie sie dies deutlich machen. Was ist Ihrem Gegenüber wichtig: Fairness – Planbarkeit – Abenteuer – Nachhaltigkeit – Diversity – Autonomie – Anerkennung – Innovationspotenzial – Messbarkeit der Effizienz – materieller Gewinn? Sie wissen es nicht? Dann finden Sie es heraus. Es dürfte schwierig sein, jemanden zu überzeugen, ohne zu wissen, wofür er steht und was ihn antreibt oder abhält, etwas zu tun.

- **Nutzen:** Was hat Ihre Gesprächspartnerin konkret davon, wenn sie das tut, wovon Sie sie überzeugen wollen? Viele Menschen bewegen sich kein bisschen, wenn es ihnen »nichts bringt«. Wenn Sie also den Gewinn für den anderen nicht deutlich machen können, bringen Ihnen Daten, Fakten und allgemeine Nutzenerwägungen wenig.

Aus all dem wird deutlich: Eine Argumentation, die nicht allein auf Daten und Fakten beruht, sondern Ihr Gegenüber auch anrühren und bewegen soll, überhaupt darüber nachzudenken, hängt stark von der jeweiligen Person ab. Solche Argumente fliegen Ihnen nicht zu. Wirksames Argumentieren beruht auf geistiger Arbeit. Dafür müssen Sie sich mit den Werten, Interessen, Zielen der anderen Person auseinandersetzen. Sie müssen zuhören und deren Perspektive einnehmen und nachvollziehen können. Auf der Basis dieses Kennens und Verstehens können Sie Argumente finden, die vielleicht das Potenzial haben, Ihr Gegenüber zu überzeugen – zumindest deutlich mehr Potenzial, als wenn Sie allein auf »rationale« Argumente setzen.

Versteckte Appelle

Es gibt Menschen, die sich sehr schwer damit tun, ihre Anliegen und Wünsche direkt zu äußern. Vielleicht haben sie Angst vor Zurückweisung. Vielleicht denken sie insgeheim, es steht ihnen nicht zu, etwas zu fordern. Vielleicht ist es einfach nur eine von den Eltern übernommene Angewohnheit.

Erkennungsmerkmale und Wirkung

Manche Menschen verstecken ihre Wünsche und Bedürfnisse so in ihren Aussagen, so dass nur Feinfühlige sie erahnen können. In vielen Kulturen Asiens ist diese indirekte, verschlüsselte Form der Äußerung normal. Man nennt sie auch implizite Kommunikation: Das eigentliche Anliegen wird nicht explizit geäußert, sondern man muss es aus dem Zusammenhang erschließen. Das funktioniert nur dann ohne Probleme, wenn die Gesprächspartner/innen geübt und gewillt sind, das Gemeinte zu entschlüsseln.

BEISPIEL

Ein bekanntes Beispiel für die Unterscheidung von impliziter und expliziter Kommunikation ist folgendes: Ein Deutscher, ein Amerikaner und ein Japaner essen in einem Steakrestaurant. Das Steak ist sehr zäh, kaum genießbar. Der Kellner fragt nach der Mahlzeit, wie es denn geschmeckt habe. Der Japaner sagt: »Der Salat war sehr gut.« Der Amerikaner: »Der Salat war fantastisch. Aber das Steak war leider etwas zäh.« Der Deutsche: »Das Fleisch war sehr zäh. Es war ungenießbar.« Der Japaner hat indirekt Kritik geübt. Indem er den Salat lobte, das Steak jedoch nicht, wäre einem japanischen Kellner sofort klar gewesen, dass das Steak nicht in Ordnung war. Im deutschsprachigen Raum würde eine so subtile Form von Kritik in der Regel nicht verstanden. Vielmehr würde sich der Kellner vielleicht sogar über das Lob zum Salat freuen.

Deutsch zählt zu den Sprachen, in der die explizite Kommunikation normal ist. Wir müssen klar ausdrücken, was wir meinen, wenn wir sicher gehen wollen, verstanden zu werden.

Wünsche, die man nur andeutet oder versteckt formuliert, können leicht überhört und ignoriert werden. Das kann absichtlich geschehen, weil unser Gegenüber den Wunsch nicht hören oder erfüllen möchte, oder auch versehentlich, weil es nicht in der Lage ist, zarte Andeutungen herauszuhören und zu entschlüsseln. Nicht alle Menschen haben ein trainiertes Appellohr (siehe hierzu das Kapitel »Eine Aussage – vier Botschaften«) und hören diese Ebene der Kommunikation mühelos heraus. Wenn Sie Wünsche und Forderungen versteckt formulieren, setzen Sie sich folgenden Risiken aus:

- Ihr Gegenüber kann nicht sicher sein, ob Sie etwas wollen und, wenn ja, was.

- Sie überlassen es dem anderen, auf den Wunsch zu reagieren oder auch nicht.

- Ihre Wünsche werden gar nicht oder in anderer Form erfüllt, als Sie das vielleicht gewollt hätten.

- Ihre Frustration steigt, weil der andere so »unsensibel« ist und Ihre Wünsche nicht berücksichtigt. Die Beziehung verschlechtert sich stetig.

So umgehen Sie die Falle

Sobald man seine Interessen und Wünsche äußert, läuft man Gefahr, dass sie vielleicht abgelehnt werden. Teilt man sie nur verklausuliert mit, ist die Wahrscheinlichkeit, dass sie nicht berücksichtigt werden, allerdings viel größer. Wollen Sie Ihr

Umfeld in Ihrem Sinne gestalten, müssen Sie sich der Auseinandersetzung mit anderen stellen und Ihre Interessen deutlich vortragen und sich dafür einsetzen.

BEISPIEL

> Vorgesetzte zu Mitarbeiterin, die häufiger zu spät erscheint: »Frau Müller, die Kernarbeitszeit ist bei uns schon sehr wichtig. Wir wollen doch alle, dass das hier reibungslos läuft.« Eine Mitarbeiterin mit ausgeprägtem Appellohr wird diesen Wink mit dem Zaunpfahl verstehen und sich bemühen, in Zukunft pünktlich zu erscheinen. Es gibt aber genügend andere, die die Aussage der Chefin gar nicht auf sich beziehen würden, die deren implizite Aufforderung, in Zukunft pünktlich zu kommen, gar nicht verstehen. Diese bräuchten eine klare Aufforderung: »Frau Müller, Sie wissen ja, dass wir eine Kernarbeitszeit von 9 bis 15 Uhr haben. Das heißt: In dieser Zeit sollen alle anwesend sein (ggf. hier noch eine Begründung für diese Regelung). Ich habe mitbekommen, dass Sie in den letzten Wochen häufiger erst nach 9 Uhr im Büro erschienen sind. Das geht nicht, oder wenn überhaupt nur, wenn das vorher mit mir abgesprochen ist. Ich möchte, dass Sie sich in Zukunft strikt an die Kernarbeitszeit halten, also von 9 bis 15 Uhr verlässlich im Büro sind.«

Viele Menschen ziehen es vor, wenn man ihnen klar signalisiert, was man von ihnen erwartet, vorausgesetzt, der Ton ist freundlich und die Haltung ihnen gegenüber fair und respektvoll.

Empfehlungen

Finden Sie klare und deutliche Worte, um auszudrücken, was Sie wollen bzw. nicht wollen, damit Ihr Gegenüber nicht rätseln muss, worum es Ihnen geht. Sagen Sie nicht »Es zieht«, wenn Sie möchten, dass jemand anderes das Fenster schließen soll. Formulieren Sie stattdessen: »Könntest du bitte das Fenster schließen?«, oder: »Mach bitte das Fenster zu.«

Bei Provokation und Angriff zurückschlagen

Natürlich ist es das Recht eines jeden, sich gegen Angriffe anderer zur Wehr zu setzen. Doch kann das reflexhaft aggressive Reagieren auf einen Angriff auch eine Kommunikationsfalle sein. Je schneller und unüberlegter jemand mit einem Gegenangriff reagiert, desto größer ist die Wahrscheinlichkeit, dass die Reaktion nicht die klügste Option in dieser Situation ist.

Erkennungsmerkmale und Wirkung

Betroffene reagieren blitzschnell und erkennbar emotional, meist hart bzw. aggressiv auf vermeintliche Angriffe. Oft ist ihr Gegenschlag verbal und nonverbal härter als der eigentliche

Angriff. Es lassen sich deutlich körperliche Veränderungen feststellen, wie z. B. eine eisige Miene, höhere Muskelspannung,
ein scharfer Ton. Menschen mit »übergroßem« Beziehungsohr
(siehe hierzu das Kapitel »Eine Aussage – vier Botschaften«)
fühlen sich sehr schnell und häufiger als andere angegriffen.

Reflexhaftes, blitzschnelles Handeln ist vor allem bei Gefahren
für Leib und Leben hilfreich. In diesen Situationen verlässt sich
der Körper auf seine Automatismen, die ungleich schneller sind,
als es jede durch einen Denkprozess ausgelöste Handlung je-
mals sein könnte. Unser Körper macht zwischen existenziell be-
drohlichem oder »nur verbalem« Angriff oft keinen Unterschied
und schaltet auf sein Stressmuster für bedrohliche Lebenslagen
um; er bereitet sich z. B. auf Flucht oder Angriff vor. Alle für
das Überleben in einer existenziell bedrohlichen Lage wichtigen
Körperfunktionen werden hochgefahren, alle anderen herun-
tergefahren.

Körperliche Veränderungen bei heftigen Emotionen wie Wut oder Angst (Beispiele)
Wechsel von normaler zur Leistungsatmung (kürzer, flacher, schneller)
Erhöhter Kreislauf und Puls, bessere Durchblutung
Verbesserte Versorgung des gesamten Muskelapparats/höhere Muskel-spannung, u. a. sichtbar durch erhöhten Bewegungsdrang oder Erstarren
Fähigkeit zu sprechen, logischem und strategischem Denken und die Gedächtnisleistung sind nur eingeschränkt oder nicht verfügbar
Verdauungsvorgänge werden abgebrochen (Folgen: trockener Mund, flaues Gefühl, Übelkeit etc.)
Veränderte Wahrnehmung (weniger differenziert, schwarz-weiß)
Bei Wut größere Risikobereitschaft und vermindertes Schmerzempfin-den

In Gesprächen gibt es aber kaum existenziell gefährliche Situationen. Schwierige Gesprächssituationen sind meist vielschichtiger und subtiler als körperliche Angriffssituationen. Dazu passt unser automatisiertes, unbewusst arbeitendes Schutzsystem – der Wirtschaftsnobelpreisträger David Kahneman nennt es »schnelles Denken« – nicht. Es ist grob und von seinen Erkenntnismöglichkeiten her eingeschränkt. Bei einem körperlichen Angriff können die Verteidigungsautomatismen unser Leben retten. Bei einem verbalen Angriff können sie zur Eskalation der Situation beitragen.

Nicht alles, was wir als Angriff wahrnehmen, ist vom Gegenüber als Angriff gemeint. Manche drücken sich ungeschickt aus, manche merken gar nicht, dass ihre Aussage verletzendes Potenzial hat. Manchmal deuten wir aber auch den Tonfall oder die Körpersprache des anderen falsch und fühlen uns fälschlicherweise attackiert. Vorschnelle Gegenangriffe wirken in diesen Fällen auf andere unverständlich oder werden als Überreaktion wahrgenommen. Es gibt Menschen, die vorzugsweise angreifen, wenn sie sich in die Ecke gedrängt oder unterlegen fühlen. Sie sind aggressiv, um ihre Hilflosigkeit und ihr Unterlegenheitsgefühl zu überspielen. Kontert man mit Gegenangriffen, entfernt man sich immer weiter von der Möglichkeit einer Lösungsfindung, weil der andere noch mehr in die Defensive gerät und noch kopfloser bzw. aggressiver wird.

Schnelle Reaktionen erfolgen ohne Analyse-, Denk- und Prüfungsprozess. Wir haben keine Wahl zwischen verschiedenen

Handlungsoptionen, sondern werden von einem Automatismus navigiert. Wir geben damit die Steuerung der Gesprächssituation aus der Hand. Automatisierte Reaktionen sind typisierte Verhaltensmuster, die nur höchst selten hundertprozentig zur Einmaligkeit der Gesprächssituation passen. Die Wahrscheinlichkeit, dass sie nicht angemessen sind, ist entsprechend groß.

So umgehen Sie die Falle

Da überschnelles automatisiertes Verhalten in Gesprächen in der Regel zu Steuerungsverlust führt, geht es vor allem darum, zunächst Zeit zu gewinnen, um das rationale Denken – Kahneman nennt es »langsames Denken« – zur Analyse der Situation und zur Entscheidungsfindung zuschalten zu können.

- Bei echten oder gefühlten Angriffen – während eines Gesprächs lässt sich das nicht so schnell unterscheiden – ist es für Ihr Denken und Ihre Steuerungsfähigkeit wichtig, dass Sie körperlich locker bleiben.

- Starke Emotionen helfen bei der Bewältigung schwieriger Gesprächssituationen in der Regel nicht. Gerade die Kompetenzen, über die man im Gespräch verfügen muss, wie logisches Denken und Ausdrucksvermögen, werden bei starken Angst- oder Wutgefühlen weggefegt. Nehmen Sie deshalb die Anfänge dieser Gefühle wahr und schalten Sie sofort Ihren prüfenden Verstand hinzu. Denken hilft, die Erregung unter Kontrolle zu halten.

- Nehmen Sie sich die Zeit zu prüfen, ob es sich tatsächlich um einen Angriff Ihres Gegenübers handelt und, wenn ja, um welchen. Analysieren Sie das Gesagte.

BEISPIEL

(Vermeintlicher) Angreifer: »Mit so einem Mist brauchen Sie mir gar nicht erst zu kommen. Wir haben schon genug Experimente hinter uns.« Die Bezeichnung »Mist« für den eigenen Vorschlag kann man durchaus als Angriff (Beziehungsebene) verstehen: als grobe Abwertung des Vorschlags. Eine rationale Analyse ergäbe aber weitere Möglichkeiten, die Aussage zu verstehen:

Sachebene: Er hält den Vorschlag vor allem deshalb für nicht gut, weil er ihn einreiht in eine Reihe von missglückten anderen Versuchen.

Selbstoffenbarungsebene: Er hat grundsätzlich keine Lust mehr etwas auszuprobieren, unabhängig von der Qualität des ein oder anderen Vorschlags.

Appellebene: Lass mich in Ruhe mit weiteren Vorschlägen!

Man könnte nun mit folgenden Worten zum Gegenangriff übergehen: »Aber der Mist, den Sie produzieren, der interessiert Sie nicht! Dass wir Tag für Tag Tausende von Euros verbrennen, weil Sie nicht in der Lage sind ...« Die Folge: Das Gespräch schaukelte sich hoch. Eine Lösung der Sachfrage rückte dadurch in weite Ferne. Die Beziehung wäre mit großer Wahrscheinlichkeit nach dem Gespräch schlechter als vorher.

Alternative Reaktionen:

Sachebene: »Okay. Sie halten den Vorschlag für nicht gut. Was genau stört Sie daran/befürchten Sie, wenn wir meinen Vorschlag umsetzen würden?«

Beziehungsebene: »Ich finde es nicht okay, dass Sie meinen Vorschlag als Mist bezeichnen. (Wechsel zur Sachebene:) Aber mich interessiert, was genau Sie daran ablehnen.«

Selbstoffenbarungsebene: »Sie wirken genervt von den Experimenten, wie Sie es nennen. Ich frage mich: Lehnen Sie deshalb meinen Vorschlag ab oder stört Sie etwas anderes daran?«

Appellebene: »Würden Sie alles am liebsten so lassen, wie es ist? Oder was schlagen Sie vor?«

Wenn wir eine Situation analytisch betrachten, ergeben sich immer mehrere Optionen, wie wir das Gespräch weiterführen können. Eine auf »langsamem Denken« beruhende Analyse ermöglicht uns, das Gespräch konstruktiv weiterzuführen, auch wenn das Gegenüber sich zuvor nicht gut ausgedrückt hat und einen eher destruktiven Gesprächsstil zeigt. Um herauszufinden, was hinter einem solchen – oft unbewusst eingesetzten – Gesprächsstil steckt, sollte man sich die Selbstoffenbarungsebene (siehe das Kapitel »Eine Aussage – vier Botschaften«) genau ansehen. Was steckt dahinter? Warum blockt sie ab? Was stört ihn? Auch die Appellebene ist interessant: Was bezweckt der andere mit diesem Verhalten?

- Reagieren Sie nicht vorschnell auf Angriffe mit Empörung oder Aggression. Manche Menschen provozieren extra, weil dies eine gute Möglichkeit ist, andere aus der Fassung oder ein Gespräch zum Scheitern zu bringen (siehe dazu das Kapitel »Fallen, die uns andere stellen«). Reagieren Sie wie erwartet – empört, aggressiv, unkontrolliert –, spielen Sie das Spiel mit und der andere steuert Sie.

- Erscheint Ihnen ein Gegenangriff in einer Situation das Richtige zu sein, sollten Sie ihn bewusst und bedacht führen, mit dem Wissen um die Wirkung dessen, was Sie sagen. Wählen Sie einen Sprach- und Sprechstil, den Sie verantworten können. Lassen Sie also nicht »die Pferde mit sich durchgehen«. Das funktioniert nur, wenn Sie nicht vorschnell, automatisiert, sondern bewusst handeln.

Bei Drohung und Angriff zurückweichen

In kontroversen Gesprächen greifen einige gerne zu Drohungen oder Angriffen, weil sie sich durch die Einschüchterung des Gegenübers einen strategischen Vorteil versprechen. So, wie manche auf Provokationen und Angriffe sofort aggressiv reagieren, weichen andere automatisiert zurück, sind ängstlich und eingeschüchtert.

Erkennungsmerkmale und Wirkung

Sie wirken auf einen vermeintlichen Angriff oder eine Drohung sichtbar verunsichert, geben vorschnell nach oder gleich ganz auf und versuchen, möglichst schnell aus der Situation herauszukommen. Manche schauen erschreckt, werden blass, rot oder erstarren. Sie sagen gar nichts mehr oder werden leiser, stammeln, nehmen zurück, was sie zuvor gesagt haben, relativieren ihre Meinung, versuchen ihr Gegenüber zu begütigen und nicht weiter zu reizen. Das vorschnelle Einknicken ist eine Folge davon, dass die Drohung bzw. der Angriff des anderen seine einschüchternde Wirkung erfüllt hat. Dem Einknicken geht meist keine tiefere Analyse der Situation voraus. Die Mischung aus verbaler Drohung und passenden nonverbalen Mitteln (z. B. bedrohlicher Ton, Blick, aggressive Körpersprache, Ausspielen von Hierarchie) geht bei manchen direkt »unter die Haut«.

Der Schreck oder die Angst verhindert das Denken und die Fähigkeit, sich sprachlich zu wehren. Die Wahrscheinlichkeit, dass das Gegenüber seine Ziele gegen Ihre Interessen durchsetzt, ist recht hoch. Es entsteht eine Win-lose-Situation auf Ihre Kosten.

Gelingt es einmal, Sie auf solche Weise einzuschüchtern und schachmatt zu setzen, fühlen sich andere ermuntert, dies immer wieder zu tun, wenn es ihnen nutzt.

Die Unfähigkeit, die eigenen Interessen zu verteidigen, führt zu Frustration und zu (meist) versteckter Aggression gegenüber demjenigen, der droht und einschüchtert. Die Beziehung verschlechtert sich stetig, oft ohne Aussicht auf Klärung. Leicht gerät man so in eine Opfer-Täter-Dynamik, bei der man selbst die wenig attraktive Opferrolle innehat.

So umgehen Sie die Falle

- Machen Sie sich bewusst: Auch, wenn Ihr Körper reagiert wie in einer existenziellen Notlage, es ist nur ein Gespräch! Bleiben Sie locker.

- Menschen, die drohen und einschüchtern, haben meist keine oder schlechte Argumente und sind auf der Sachebene eher schwach. Konzentrieren Sie sich im Gespräch deshalb auf Fakten und fragen Sie gezielt nach Hintergründen und Argumenten.

- Oft beruhen Drohungen auf einem Bluff. Um ein reales Risiko von einem behaupteten sauber trennen zu können, brauchen Sie Denk- und Analysezeit. Geben Sie deshalb dem ersten Schreck nicht nach. Werden Sie neugierig, statt ängstlich. Sie wollen die Situation inklusive ihres Drohpotenzials verstehen. Neugierde und Interesse sind gute Gegenspieler für Einschüchterung und Angst.

Schritt für Schritt: Gefühle regulieren

1.	Benennen Sie für sich die bedrohliche oder provokante Situation, und zwar bereits, bevor Sie genau verstehen, was da passiert, z. B.: »Aha, da passiert jetzt was!«, oder: »Oh, es wird tricky.« Das Benennen gibt Ihnen Distanz zum Geschehen und verhindert damit, dass Ihr automatisches Stresssystem einfach so ohne Ihr Einverständnis losrattert.
2.	Geben Sie sich den Befehl »Bleib locker«, oder: »Erst mal langsam«, und entspannen Sie die Muskulatur. Sorgen Sie dafür, dass Sie gut und entspannt sitzen oder stehen.
3.	Schalten Sie in den Modus »Neugierde und Interesse«. Sie wollen verstehen, was da gerade passiert.
4.	Wiederholen Sie das, was Ihr Gegenüber gesagt hat, ohne die abwertende Formulierung eins zu eins zu übernehmen. »Der Vorschlag ist Mist« wird so zu: »Ihnen gefällt der Vorschlag nicht«, oder: »Sie sind nicht zufrieden mit diesem Vorschlag«. Diese Technik nennt man Paraphrase. Sie hilft Ihnen, die Situation zu analysieren und den Sachverhalt zu klären. Außerdem unterstützt sie dabei, die nötige Distanz zu wahren, um logisch denken zu können.

Schritt für Schritt: Gefühle regulieren
5.   Fragen Sie nach, wenn Ihnen Dinge unklar sind.
6.   Testen Sie die unterschiedlichen Verstehensebenen: Sache, Beziehung, Selbstoffenbarung, Appell (siehe hierzu das Kapitel »Eine Aussage – vier Botschaften«).
7.   Erst, wenn Sie sich ein umfassendes Bild gemacht haben, entscheiden Sie, wie Sie in dieser Gesprächssituation Stellung beziehen wollen. Dies ist dann eine bewusste Entscheidung auf die Situation hin und kein automatisiertes Verhalten, das unter Druck provoziert wurde.

»Unechtes« Sprechen oder mangelnde Authentizität

Natürlich können wir nicht überall frei heraus sagen, was wir denken und empfinden. Die Rücksicht auf das soziale Umfeld, gesellschaftliche Normen und Erwartungen an professionelles Handeln schränken unsere Freiheit ein. Das heißt aber noch lange nicht, dass wir Dinge sagen müssen, die wir weder denken noch empfinden.

Erkennungsmerkmale und Wirkung

Jemand sagt etwas, das im Gegensatz zu seinem eigenen tatsächlichen Denken oder Empfinden steht. Oft ist die »unechte« Aussage ausdrucksärmer vorgetragen als solche Äußerungen, mit denen sich die Person wirklich identifiziert. Es gibt aber auch Menschen, die besonders laut und expressiv sprechen, wenn sie Dinge sagen, die sie nicht meinen. Sie wollen damit ihrer nicht authentischen Aussage mehr Überzeugungskraft verleihen.

Da an der Stimmbildung und am gesamten Sprechvorgang des Menschen hunderte Muskeln direkt und indirekt beteiligt sind, sind wir nicht in der Lage, alle körpersprachlichen Signale zu kontrollieren. Gibt es eine Differenz zwischen dem, was wir denken oder empfinden, und dem, was wir sagen, ist es gut möglich, dass das gesprochene Wort durch körpersprachliche Signale konterkariert wird. Das heißt, Stimmklang, Mimik, minimale Gesten drücken etwas anderes aus als unsere Worte. Sprachliche und körpersprachliche Botschaft sind widersprüchlich.

- Es ist schwierig, über längere Zeit Dinge von sich zu geben, hinter denen man nicht steht. Die Wahrscheinlichkeit, Fehler zu machen, sich zu verraten, ist groß.

- Etwas auf Dauer zu spielen oder vorzutäuschen, kostet ungeheuer viel Energie und Konzentration. Diese Energie fehlt an anderen Stellen für die Bewältigung der eigentlichen Aufgaben. Es besteht die Gefahr, sich zu erschöpfen und entsprechende Krankheiten zu entwickeln.

- Viele Menschen – und zwar unabhängig von ihrem Bildungsgrad – reagieren sehr sensibel auf Unstimmigkeiten. Sie spüren, dass »etwas nicht stimmt«. Wird man von anderen tendenziell als nicht authentisch oder nicht glaubwürdig eingestuft, ergibt sich ein grundsätzliches Vertrauensproblem, das die Beziehung beeinflusst. Wann meint er, was er sagt?

Wann nicht? Kann ich ihr das abnehmen? Sagt sie das einfach nur so, um mich abzuwimmeln? Ist die Vertrauensbasis erst einmal erschüttert, wirkt sich das auch auf andere Bereiche aus: von einer nicht authentischen Person lässt man sich ungern überzeugen; man hütet sich auch, ihr vertrauliche Informationen zu geben.

So umgehen Sie die Falle

In vielen Situationen treten wir nicht einfach als Ich auf, als Individuum, sondern als eine Person in einer bestimmten Rolle mit einer bestimmten Funktion. An diese Rolle sind gewisse Erwartungen geknüpft, was man tun sollte oder eben auch nicht. Schon aus diesem Grund ist es nicht möglich, immer frei heraus zu sagen, was man denkt oder fühlt. Wir können nicht immer und überall hundertprozentig authentisch sein.

BEISPIEL

> Ein Patient betritt das Behandlungszimmer einer Ärztin. Diese denkt: »Oh nein, schon wieder dieser nervige Typ mit seinen 1.000 eingebildeten Krankheiten!« Es wäre vielleicht sehr authentisch, wenn sie sagte: »Wissen Sie, Herr Schneider, Sie nerven mich mit Ihrer dauernden Jammerei und Ihrer Hypochondrie ...« Das widerspräche aber den Anforderungen an ihre professionelle Rolle als Ärztin. In dieser Rolle kann auch ein »eingebildeter« Kranker von ihr erwarten, mit Respekt und Höflichkeit behandelt zu werden.

Die Psychoanalytikerin Ruth Cohn hat den Begriff der selektiven Authentizität geprägt. Dieser besagt: Ich muss nicht alles sagen, was ich denke bzw. fühle, aber das, was ich sage, sollte echt und stimmig sein.

- Gedanken, Gefühle, die zu äußern in der augenblicklichen Rolle nicht angemessen ist oder die das Gegenüber überfordern oder unnötig verletzen würden, werden nicht kommuniziert.

- Wenn wir selektiv authentisch kommunizieren, sind die Aussagen, die wir treffen, echt und damit auch glaubwürdig. Wir müssen nicht etwas spielen. Sprache und Körpersprache sind dann im Einklang miteinander.

- Unsere Mitmenschen können sich darauf verlassen, dass wir meinen, was wir sagen, und nichts einfach nur so dahersagen, um einen bestimmten Effekt zu erzielen.

- Wir sind nicht gezwungen, über längere Zeit zu heucheln, oder Beziehungen zu pflegen, die von Lügen geprägt sind. Die Energie, die dies erfordert, können wir für anderes nutzen.

Aber wie geht das, selektiv authentisch kommunizieren? Ruth Cohn gab als grobe Richtschnur aus: Schau nach innen, schau nach außen und entscheide dann.

- Bei der Innenschau geht es darum, die eigenen Gedanken, Gefühle und Bedürfnisse wahrzunehmen. Was denke ich? Was fühle ich? Was würde ich jetzt gerne am liebsten tun?

- Die Außenschau bezieht sich auf das Umfeld und das Gegenüber. Was ist in meiner Rolle als XY jetzt angemessen? Was ist für den anderen in dieser Situation gut? Was kann ich ihm/ ihr zumuten? Was nicht? In Abwägung dieser verschiedenen Sichtweisen: Was kann bzw. möchte ich in dieser Situation sagen bzw. tun?

Nehmen wir das Beispiel der Ärztin. Sie hat den Eindruck, Herr Schneider ist nicht wirklich krank. Sie ist genervt und der Gespräche mit ihm überdrüssig. Diese Gefühle zeigen an, dass sie etwas ändern sollte, weil sich ihre Geduld dem Ende nähert und die bisherige Form der Behandlung nichts gebracht hat. Wie könnte hier eine selektiv authentische Aussage aussehen?

FORTSETZUNG DES BEISPIELS

Die Ärztin könnte zu dem Schluss kommen, dass es gut sei, den Patienten mit ihrer Überzeugung zu konfrontieren, respektvoll und wertschätzend, wie es ihrer Rolle als verantwortliche Medizinerin entspricht: »Herr Schneider, ich habe etwas über Sie und Ihr Krankheitsbild nachgedacht. Ich kenne Sie ja jetzt schon länger, habe viele Dinge getestet und kann trotz sorgfältiger Prüfung keinen organischen Hintergrund für Ihre Beschwerden feststellen. Trotzdem haben Sie ja die geschilderten Beschwerden und leiden darunter. Ich denke, wir sollten einen psychosomatischen Hintergrund in Betracht ziehen. Vielleicht gibt es Ereignisse, die Sie belasten, auf die Ihr Körper mit Schmerz reagiert, auch wenn er organisch gesund ist.« Weist er dies empört von sich und hat sie kein Interesse daran, ihn weiter pseudomäßig zu behandeln, könnte sie sagen: »Herr Schneider, es tut mir leid, dass ich das sagen muss, aber es ist so, dass ich Ihnen mit meinen Mitteln nicht weiterhelfen kann. Meine Empfehlung ist tatsächlich, den möglicherweise psychosomatischen Hintergrund Ihrer Beschwerden zu überprüfen. Gerne begleite ich Sie auf diesem Weg.«

Es ist nicht leicht, stimmige Aussagen zu treffen, die man mit der Rolle und der Verantwortung gegenüber der Situation und dem Gegenüber vereinbaren kann. Gelingt dies jedoch, bringen solche (selektiv) authentischen Äußerungen Gespräche häufig weiter als Floskeln. Authentische Gespräche sind befriedigender als solche, in denen man sich gezwungen fühlt, Dinge von sich zu geben, die man weder meint, noch empfindet. Der Rückgriff auf die eigenen Gefühle (Innenschau) und da vor allem auf die eher nicht so wohl gelittenen oder tabuisierten, wie Ärger, Enttäuschung, Traurigkeit, kann hilfreiche Impulse für die Gesprächsführung geben. In vielen Fällen können wir unsere Emotionen nicht eins zu eins kommunizieren, sondern müssen sozial verträgliche Formen finden (Außenschau), sie im Gespräch verantwortlich wirksam werden zu lassen.

Übung zur Selbstreflexion

In welchen Situationen kommen Sie ab und an in den Konflikt, dass Ihre Gedanken, Gefühle und Wünsche sehr von dem abweichen, was Sie in dieser Situation meinen, sagen zu dürfen? Was machen Sie dann? Wie fühlen Sie sich dabei? Wie verlaufen diese Situationen? Wie könnte eine selektiv authentische Reaktion in einer solchen Situation aussehen? Üben Sie anhand dieser Situationen – es lohnt sich!

Fallen, die uns andere stellen

Es gibt Menschen, die uns provozieren, verunsichern oder täuschen. Oft tun sie dies, weil sie sich Vorteile davon erhoffen. Manche bekommen aber auch gar nicht mit, was sie im Gespräch machen und welche Wirkung das auf andere hat.

In diesem Kapitel erfahren Sie u. a., wie Sie

- sich gegen Einschüchterung und Verunsicherung wehren,
- souverän auf Provokationen und Angriffe reagieren,
- mit Täuschungsmanövern und emotionalem Druck umgehen.

Taktik Nr. 1: Verunsichern

In einem sehr konkurrenzorientierten Umfeld ist es nahezu normal, mit Menschen in Kontakt zu kommen, die andere bewusst in Fallen locken, um sie zu verunsichern. Häufig nutzen sie dazu Techniken, die starke Gefühle wie Angst oder Scham auslösen. Kennen Sie diese typischen Fallen, können Sie lernen, souverän mit solchen Situationen umzugehen, ohne dass Sie durch übermäßige Gefühle handlungsunfähig werden.

Imponiertechniken

Imponiertechniken dienen vor allem der Aufwertung der eigenen Person und der Verunsicherung oder Abwertung des Gegenübers.

Erkennungsmerkmale und Wirkung

Jemand benutzt absichtlich eine komplizierte Ausdrucksweise, eine für den anderen schwer verständliche Fachsprache und/oder betreibt Namedropping. Dabei beruft man sich auf Persönlichkeiten und besondere Beziehungen, Studien oder Literatur, die das Gegenüber nicht kennt, und tut so, als wäre es selbstverständlich, das zu kennen. Auch der Einsatz oder das Erwähnen von Statussymbolen spielen bei dieser Falle eine Rolle.

BEISPIELE

>»Die Diversifizierung der Strategie ohne Berücksichtigung der damit verbundenen Kollateralschäden wäre an sich schon ...«

> »Schon Stuart Parkin hat in seinen Studien eindeutig nachgewiesen, dass … Ich habe selbst mit ihm auf der Summerschool in Stanford die Frage diskutiert und es war …«

Das Gegenüber fühlt sich unwissend, minderwertig, unterlegen, fehl am Platz und traut sich nicht mehr, die eigene Meinung weiter zu vertreten. Das Unterlegenheitsgefühl ist häufig mit einer Denk- und Sprachblockade verbunden.

So umgehen Sie die Falle

Wenn ein Mensch Imponiertechniken benutzt, hat er es häufig nötig, ist also inhaltlich nicht so stark oder persönlich so souverän, wie er selbst es gerne wäre. Sehen Sie sich als gleichwertig an, unabhängig davon, wie das Gegenüber sich gerade selbst darstellt, und fragen Sie ruhig, interessiert und neugierig nach.

FORTSETZUNG DES BEISPIELS

> »Was genau meinen Sie mit Diversifizierung der Strategie? Welchen Nutzen bringt uns das? Von welchen Kollateralschäden reden Sie?«

> »Ja, aber unser Projektpartner ist nicht Stuart Parkin, sondern Sie. Deswegen wüsste ich gerne von Ihnen, wie Sie sich das hier in unserem Projekt genau vorstellen und wie Sie dieses Vorgehen begründen.«

Hierarchie, Alter, Erfahrung ausspielen

Bei dieser Falle nutzt die Person persönliche Merkmale, um damit eine (scheinbare) Überlegenheit zu konstruieren. Häufig haben diese Eigenschaften nicht direkt etwas mit der verhandelten Sache zu tun.

Erkennungsmerkmale und Wirkung

Ihr Gegenüber signalisiert Ihnen, dass Sie nicht gleichwertig sind, weil Sie hierarchisch unter ihm stehen, jünger sind, weiblich/männlich, nicht studiert haben, aus dem Ausland sind oder dieses Unternehmen/diese Branche oder was auch immer nicht kennen (Aufzählung ist beliebig erweiterbar) und deshalb keine Ahnung haben, nicht berechtigt sind, mitzureden etc.

In der Regel trifft ja die Beschreibung des zitierten Merkmals zu. So sind Sie vielleicht jünger, hierarchisch niedriger, männlich/weiblich, sind noch nicht so lange im Unternehmen etc. Doch muss deshalb die Schlussfolgerung, dass Sie in der Sache keine bzw. wenig Ahnung haben oder nicht autorisiert sind, sich einzubringen, nicht zutreffen. Das Gegenüber weicht mit dieser persönlichen Diskussion der Sachargumentation aus – vermutlich, weil es keine guten Argumente hat.

So umgehen Sie die Falle

Bestätigen Sie den ersten Teil der Aussage und lenken Sie das Gespräch wieder auf die Sachdiskussion.

BEISPIELE

»Ja, ich bin jünger als Sie. Aber ich denke, das spielt bei der Frage, ob ... keine wirkliche Rolle. Mich würde interessieren, welche Gründe aus Ihrer Sicht dafür sprechen, dass ...«

»Es stimmt, ich bin eine Frau. Genau wie meine männlichen Kollegen habe ich eine solide technische Ausbildung absolviert. Und deswegen habe ich Zweifel daran, dass ...«

»Ja, Sie sind mein Vorgesetzter und tragen die Verantwortung. Für mich ist nur wichtig zu wissen, warum ...«

Bewusst inkongruente Kommunikation

Manchmal sind es gar nicht die ausformulierten Worte, die verunsichern. Es sind andere Signale, die jemand z.B. durch seine Gestik, Mimik mehr oder minder bewusst aussendet, um andere einzuschüchtern oder abzuwimmeln.

Erkennungsmerkmale und Wirkung

Alles, was die Person sagt, ist vom Wortlaut her nicht anzugreifen. Aber ihre Körpersprache und Handlungen wirken einschüchternd oder abweisend.

BEISPIELE

> Gezieltes Meiden von Blickkontakt, parallel andere Dinge verrichten und das Gegenüber dabei ignorieren, herablassende Gesten oder genervter Tonfall, der Ausdruck großer Distanz, Gleichgültigkeit, Überdruss, Unlust, so als sei die andere Person ein lästiges Insekt oder ein unbedeutendes Etwas, mit dem man jetzt gerade gezwungenermaßen zu tun habe.

Spricht man den anderen auf sein unhöfliches Verhalten an, kann er jederzeit jegliche Kritik von sich weisen und behaupten, er habe doch gar nichts gesagt oder getan, was zu beanstanden sei.

Wer mit dieser Falle konfrontiert ist, fühlt sich wie ein Bittsteller, fragt sich vielleicht, was los ist oder was er vielleicht falsch gemacht hat. Manche haben Angst, das Gegenüber weiter zu reizen und behalten ihre Anliegen für sich, um die Situation nicht zu eskalieren. Ist die Botschaft auf der nonverbalen Ebene negativ, fühlen sich die allermeisten Menschen sehr unwohl. Viele können sich kaum davon lösen und auf etwas anderes konzentrieren. Und das ist genau der gewünschte Effekt dieser Kommunikationsfalle. Die nicht direkt greifbare negative Atmosphäre irritiert, verunsichert und hemmt viele derjenigen, die in eine solche Falle geraten.

So umgehen Sie die Falle

- Analysieren Sie das Verhalten der anderen Person: Sie benimmt sich nicht korrekt und übt eine Art subtilen Psychoterrors aus. Der wirkt allerdings nur, wenn Sie das zulassen.

- Lassen Sie sich Ihre Laune nicht verderben. Stellen Sie Ihr Beziehungsohr (siehe das Kapitel »Eine Aussage – vier Botschaften«) auf unempfindlich. Wenn Sie sich gegen diese Form der Einschüchterung immun zeigen und guter Dinge bleiben, wirkt das Verhalten der anderen Person nur lächerlich.

- Analysieren Sie die anderen Ebenen der Kommunikation. Selbstoffenbarungsseite: Was ist mit ihr los? Warum praktiziert sie diese Umgangsform? Appellebene: Was will er damit erreichen? Sachebene: Worum geht es?

- Versuchen Sie, den anderen für eine konstruktive Form des Gesprächs zu gewinnen. Die Erfolgsquote liegt nicht bei 100 Prozent, aber Sie haben durchaus eine Chance, wenn Sie konsequent konstruktiv auf Ihr Ziel hinarbeiten.

- Sie können Ihr Gegenüber auch direkt auf sein Verhalten ansprechen, z. B.: »Sie wirken heute anders als sonst. Stimmt etwas nicht?«

Taktisch inszenierter Ärger

Manche Menschen sind leicht reizbar und haben ihren Ärger und ihre Wut nicht unter Kontrolle. Es gibt aber auch Menschen, die die Symptome des Ärgers und der Entrüstung taktisch nutzen.

Erkennungsmerkmale und Wirkung

Sie tun verärgert, werden laut, bauen sich auf, schimpfen oder grollen. Dabei sind sie bei weitem nicht so verärgert, wie sie tun. Aber sie haben die Erfahrung gemacht, dass das eine effektive Technik ist, andere einzuschüchtern, sich vom Leib zu halten oder dazu zu bringen nachzugeben.

Viele Menschen erschrecken sich sehr, wenn andere typische Ärgersymptome zeigen. Dabei gehen ihnen vor allem die körpersprachlichen Signale des Ärgers sofort unter die Haut. Ihr automatisiertes Schutzsystem (siehe hierzu das Kapitel »Bei Drohung und Angriff zurückweichen«) schaltet sich ein und nötigt sie dazu, in die Defensive zu gehen: Sie beschwichtigen, geben nach, erstarren.

So umgehen Sie die Falle

Menschen, die Ärger und Poltern bewusst oder unbewusst taktisch einsetzen, tun dies meist regelmäßig. Als Betroffene/r können Sie sich also mental darauf einstellen. Fakt ist auch, dass eine pseudo-ärgerliche Person Ihnen im beruflichen Kontext nicht wirklich gefährlich werden kann. Sie können ganz sachlich, freundlich, höflich und völlig angstfrei weiter verhandeln. Einschüchterung funktioniert nur, wenn das Gegenüber sich einschüchtern lässt. Wenn Sie nicht groß darauf reagieren, läuft diese Technik ins Leere. Konzentrieren Sie sich auf die Sach- und die Appellebene bei sich und beim Gegenüber. Was will es? Warum? Auf welche Weise? Was wollen Sie? Warum? Was schlagen Sie vor? Bleiben Sie sachlich und analytisch. Sie können der Person auch Rückmeldung geben, wie ihr Verhalten bei Ihnen ankommt, z. B., dass Sie es nicht gut finden, dass sie Sie so grob behandelt.

Taktik Nr. 2: Angreifen

Man kann Angriffe zur Einschüchterung nutzen, aber auch, um andere zu provozieren und in Streit zu verwickeln. Der Angreifer kann dabei zwei Interessen verfolgen:

- Entweder gelingt es ihm, sein Gegenüber mit gezielten Angriffen tatsächlich auszuknocken, so dass es aufgibt, inhaltlich kapituliert und er sich selbst in der Sache letztlich durchsetzt.

- Oder der Angegriffene lässt sich so weit provozieren, dass bei ihm das automatisierte Stressprogramm ausgelöst wird (siehe hierzu das Kapitel »Bei Provokation und Angriff zurückschlagen«) und damit Analyse und überlegtes Handeln nicht mehr wirklich funktionieren. So macht er dann im Eifer des Gefechts Fehler, beschimpft z. B. den anderen oder plaudert Dinge aus, die nicht für die Öffentlichkeit gedacht sind etc.

Bei beiden Varianten ginge das Kalkül des Angreifers auf. Er steuert die Situation in seinem Sinne.

Ein emotional aufgeheiztes Gesprächsklima führt meist weg von der Sachdiskussion, mitten hinein in die Eskalation und damit oft zum Scheitern des Gesprächs. Für andere kann das Scheitern durchaus ein gutes Ergebnis sein, wenn es ihnen darum geht, den Status quo zu wahren. Will man nicht, dass etwas geändert wird, sabotiert man einfach lösungsorientierte Gespräche über Veränderung und Optimierung. Wenn es gelingt, den Gesprächspartner subtil zu provozieren und dieser dann ausfällig wird, kann man sogar den anderen für das Scheitern verantwortlich machen. »Ich wollte ja, aber so, wie Sie sich aufgeführt haben ...!«

Pseudoschmeichelei

Ein Kompliment bzw. eine höfliche Floskel ist eigentlich etwas Schönes und Positives. Eigentlich, denn es hat eher die gegenteilige Wirkung, wenn es offensichtlich nicht zum Auftreten der sprechenden Person und in den Kontext der Gesprächssituation passt.

Erkennungsmerkmale und Wirkung

Die Person formuliert Komplimente oder Höflichkeitsfloskeln, die aber nicht wirklichem Respekt entspringen, sondern taktisch oder ironisch genutzt werden. Die Höflichkeit ist übertrieben und flankiert durch Respektlosigkeit auf nonverbaler und inhaltlicher Ebene.

BEISPIEL

>»Sie als intelligenter Mensch/studierter Ingenieur/erfahrene Vertrieblerin werden doch nicht behaupten wollen, dass ...«
>
>»Sehr verehrte Frau Kollegin, das ist doch nicht Ihr Ernst!«

Die angesprochene Person wird dadurch – auch vor anderen – ins Lächerliche gezogen. Viele in dieser Form Angesprochene sind perplex durch solche Unverfrorenheit und erst einmal sprachlos.

So umgehen Sie die Falle

Es gibt viele Varianten, gut auf Pseudoschmeicheleien und Scheinhöflichkeiten zu reagieren.

- Nutzen Sie das Kompliment als Argument: »Gerade, weil ich viel Erfahrung als Ingenieur/Vertrieblerin habe, bin ich für ...«

- Sie können das Scheinkompliment auch sachlich wörtlich nehmen: »Okay, ich nehme zur Kenntnis, dass Sie mich für intelligent halten. Aber um zurückzukommen, zu unserer Ausgangsfrage X ... Ich stimme mit Ihnen überein im Aspekt Y. Uneins sind wir ...«

- Eine Scheinhöflichkeit können Sie eins zu eins zurückgeben: »Lieber Herr Kollege Schmidt. Meine Antwort auf Ihre Frage ist ...«

- Sie können auch nüchtern sagen: »Es reicht völlig aus, wenn Sie Frau Keller zu mir sagen.«

Bleiben Sie gelassen und sachlich. Ihr Gegenüber versucht, Sie zu provozieren und vorzuführen. Das gelingt nur, wenn Sie es zulassen, nicht aber, wenn Sie ruhig und souverän kontern.

Andeutungen

Bei dieser Angriffstechnik wird der Angriff nicht voll ausgeführt, sondern etwas Negatives wird nur ganz beiläufig angedeutet.

Erkennungsmerkmale und Wirkung

Wie nebenbei wird in eine Aussage eine abwertende Bezeichnung oder Diffamierung eingeflochten. Man geht nicht tiefer darauf ein, sondern redet weiter, so dass das Gegenüber sich nicht sofort wehren kann. Nachher ist dann so viel Zeit vergangen, dass ein Konter unpassend wirkt.

BEISPIELE

»Mal abgesehen davon, dass die Pläne von Frau Kroh völlig unrealistisch sind, möchte ich Ihre Aufmerksamkeit doch auf den eigentlich wichtigen Punkt lenken ... (reden – reden – reden).«

»Auf die Fehler und Ungenauigkeiten meines Vorredners möchte ich an dieser Stelle nicht eingehen. Fakt ist doch, dass ... (reden – reden – reden)«

»Herr Meier war ja noch nie sehr erfolgreich damit, ... Aber ich wollte noch mal auf den Punkt X zu sprechen kommen ...«

- Diese Technik lebt vom Tempo. Es geht darum, schnell und beiläufig Schaden zuzufügen, ohne dass die betroffene Person sich wehren kann.

- Eingeplant ist neben der Provokation des anderen häufig auch eine Publikumswirkung – nach dem Motto, irgendetwas Negatives wird schon hängenbleiben.

- Die Technik ist pure Provokation. Sie löst bei der verunglimpften Person Ärger aus, was wiederum zu unüberlegtem, nicht gesteuertem Verhalten verführt.

So umgehen Sie die Falle

Unterbrechen Sie den Provokateur sofort und fragen Sie nach: »Warum halten Sie das für unrealistisch?«, bzw.: »Von welchen Fehlern und Ungenauigkeiten sprechen Sie?« Haben Sie keine Angst vor der Antwort: Es wird bei den Andeutungen bleiben, weil der andere keine wirklichen Argumente an der Hand hat. Bleiben Sie analytisch und sagen Sie sich, dass es sich um eine Provokation handelt. Die kann bei Ihnen nur provozierend wirken, wenn Sie das zulassen. Lassen Sie ein Losrattern der Erregungskette nicht zu (siehe Kapitel »Bei Provokation und Angriff zurückschlagen«). Können Sie den anderen nicht sofort unterbrechen, sollten Sie unmittelbar im Anschluss ansetzen: »Herr Selling, Sie erwähnten zu Beginn Ihres längeren Redebeitrags, dass der von uns vorgelegte Plan X aus Ihrer Sicht nicht zu realisieren sei. Woran machen Sie das fest?« Zwingen Sie die Person zur Konkretisierung. Meistens kommt nichts Brauchbares – und dies wird auch anderen Anwesenden deutlich.

Kompetenz absprechen

Eine der häufigsten Angriffsformen im beruflichen Kontext ist es, die Kompetenz einer anderen Person infrage zu stellen und sie damit zu verunglimpfen oder ihren Ruf zu schädigen.

Erkennungsmerkmale und Wirkung

Entweder direkt oder indirekt werden Zweifel an dem Wissen, der Zuständigkeit, dem Verstand oder der fachlichen Expertise der Person genährt oder ihr glattweg ganz abgesprochen. Nicht selten werden diese Angriffe mit Attacken auf die persönliche Integrität der Person kombiniert (siehe hierzu das nächste Kapitel).

BEISPIELE

»Wenn Sie etwas Ahnung von der Materie hätten, dann wüssten Sie ...«

»Sie haben meine Ausführungen offensichtlich nicht verstanden, sonst würden Sie nicht so eine unpassende/gehaltlose/lächerliche/dumme Kritik äußern.«

»Sie haben Ihre Inkompetenz doch schon beim letzten Projekt unter Beweis gestellt. 30.000 Minus. Und jetzt wollen Sie uns hier erklären, was richtig und falsch ist?«

»Ich weiß nicht, was Sie im Iran gelernt haben. Aber bei uns geht es zivilisierter zu, junger Mann!«

Die Kompetenz anderer infrage zu stellen, soll deren Beiträge in der Diskussion als irrelevant markieren: »Die/der hat eh keine Ahnung.« Sowohl die Person selbst als auch deren Beiträge werden so abgewertet. Sie soll auf diese Art und Weise im Ansehen der anderen beschädigt oder mundtot gemacht werden. Ziel dieser Technik kann auch sein, den anderen so zu provozieren, dass er sich auf unkontrollierte Weise zur Wehr setzt und sich durch seinen Auftritt unglaubwürdig oder lächerlich macht.

Der Angriff auf die Kompetenz hat eine über die aktuelle Diskussion hinausgehende Wirkung bei den anwesenden Beteiligten. Nährt man Zweifel an der abgewerteten Person häufig genug, bleibt auf Dauer etwas hängen. Die Zweifel übertragen sich virusähnlich auf andere Personen, auch wenn es keine stichhaltigen Belege für diese Kritik gibt.

So umgehen Sie die Falle
Es ist wichtig, dass Sie die beabsichtigten Wirkungen dieser Kommunikationsfalle (mundtot machen, provozieren, Sie gegenüber anderen abwerten) nicht zulassen. Angriffe auf die Kompetenz von anderen sind in beruflichen Diskussionen so häufig, dass Sie grundsätzlich dagegen gewappnet sein sollten. Werden die Angriffe mit persönlichen Attacken kombiniert, werden Sie vermutlich ahnen, in welche Kerbe andere Leute gerne hauen (siehe dazu das folgende Kapitel). Jeder hat Schwachpunkte, die andere gerne aufgreifen.

- Bleiben Sie auf alle Fälle klar, ruhig und bestimmt. Die andere Person greift Sie an, weil sie argumentativ schwach ist. Es ist in Ihrem Sinne, die Diskussion wieder auf die Sachebene zurückzulenken, von der der andere offensichtlich wegen eines Mangels an Sachargumenten ablenken will.

- Versachlichen Sie die Diskussion. Wenn jemand die Kompetenz anderer anzweifelt, kann es auch daran liegen, dass er aufgrund seiner Profession oder Erfahrung eine ganz andere Perspektive hat. Oft sind Teams extra gemischt zusammengesetzt, damit verschiedene Blickwinkel und verschiedene Formen der Expertise berücksichtigt werden. Darauf können Sie sich berufen.

- Mischt jemand persönliche Angriffe z. B. zur Herkunft oder dem Geschlecht mit Angriffen auf die Kompetenz, bestätigen Sie ihm, was richtig ist, korrigieren Sie, was falsch ist, und entkoppeln Sie, was nicht zusammengehört. Meistens haben die persönlichen Angriffe nichts mit der Sachfrage zu tun (siehe dazu das folgende Kapitel).

FORTSETZUNG DES BEISPIELS

»Herr Zobel, Sie wissen sehr genau, dass wir beide Ahnung von XY haben, deswegen sind wir auch beide Vertreter unserer Bereiche in diesem Projekt. Allerdings sind wir offensichtlich unterschiedlicher Meinung, wie wir hier am besten vorgehen. Ich halte ...« (Angriff ins Leere laufen lassen und hin zur Sachdiskussion lenken)

»Ich merke, dass meine Kritik Sie kränkt/stört/Ihnen missfällt. Trotzdem halte ich die Frage für wichtig, wie ...« (Angriff auf Kompetenz ignorieren, wahre Ursache ansprechen, ganz cool hin zur Sache lenken und Kritik erneut anbringen/begründen)

»Sie wissen genau, dass das letzte Projekt wegen der Entwicklung auf dem Zinsmarkt anders gelaufen ist, als wir alle hier das erwartet haben. Insofern ist der Vergleich völlig unpassend. Es geht hier und heute auch nicht um die Immobilie X, sondern um Y. Was spricht aus Ihrer Sicht dafür, dass ...?« (Korrigieren, hinlenken zur Sachdiskussion)

»Ich bin jünger als Sie und aus dem Iran. Da haben Sie recht! Allerdings habe ich in Cambridge/an der TU ... studiert. Und da habe ich gelernt, dass vor allem Sachargumente zählen. Was spricht aus Ihrer Sicht gegen meinen Vorschlag XY?« (Zustimmen, wo es möglich ist, korrigieren, was zu korrigieren ist, und hinlenken zur Sachdiskussion)

Persönliche Angriffe

Der Angriff bezieht sich nicht auf einen inhaltlichen Aspekt und die Argumentation, sondern allein auf die Person des Sprechenden. Diese Kommunikationsfalle ist beliebt, wenn man gezielt von der Sachdiskussion ablenken will, weil man selbst z. B. argumentativ schwach ist.

Erkennungsmerkmale und Wirkung

Jegliche Form von Unterstellung, Beleidigung und der Angriff auf persönliche Merkmale oder das Zielen unter die Gürtellinie ist als persönlicher Angriff zu werten. Es gibt unendlich viele Spielarten, andere in Gesprächen und Sitzungen als Person herabzuwürdigen, zu demütigen, zu verunglimpfen. Dabei zielt man auf vermeintliche Schwachpunkte des anderen, die er nicht ändern kann.

BEISPIELE

Herkunft: »Sie als Muslim können es schlecht aushalten, wenn ...«, »Als Tochter aus gutem Hause sind Sie sich vielleicht zu schade dafür ...«, »Ja, die Afrikaner ...!«

Geschlecht: »Das ist kein Kaffeekränzchen hier, Frau Lenne«, »Sie als Frau haben doch einen ganz anderen Zugang/mehr Gefühl/keine Vorstellung davon ...«, »Kriegen Sie erst mal Kinder, dann ...«

Ausbildung: »Was soll man anderes erwarten von jemandem, der Theaterwissenschaften studiert hat ...«, »Ach ja, das hatte ich vergessen, Sie haben ja gar nicht studiert/gar keinen anständigen Beruf gelernt!«, »Bilden Sie sich ja nichts auf Ihren Doktortitel ein. Man weiß ja, wie man heutzutage an diese Titel kommt.«

Alter: »In Ihrem Alter habe ich auch noch so ein (dummes) Zeug gequatscht.«, »Bereiten Sie sich lieber schon mal auf das Rentendasein vor ...«

Gruppenzugehörigkeit: »Immer wieder dieser Gewerkschaftsmist.«, »Dieses Gutmenschentum, das Sie hier propagieren ...«

Aussehen: »Ach, die Dame ist ein Herr! Bei der Haarpracht kann man schon mal falsch liegen.«, »Selbstdisziplin ist ja sicherlich nicht so Ihre Stärke, wenn ich Sie so ansehe.«

Oft beinhaltet eine Aussage auch gleich mehrere abwertende Aspekte. Wenn eine respektvolle Haltung gegenüber dem andersdenkenden Gesprächspartner fehlt, ist grundsätzlich die Gefahr der Grenzüberschreitung groß.

BEISPIELE

Sie wollen doch dieses Unternehmen zugrunde richten! Das ist doch Ihr eigentliches Anliegen. Geben Sie es doch offen zu. Ihr Dauerlächeln täuscht darüber nicht hinweg." (Unterstellung und persönlicher Angriff – mit Bezug auf Mimik)

»Na ja, wenn Frauen ihre Tage haben, dann geht es schon mal etwas durcheinander.« (Angriff unter Gürtellinie, sexistisch)

»Gute Frau, jetzt bleiben Sie doch mal auf dem Teppich! Das ist doch einfach Quatsch, was Sie da reden.« (Sexistisch, Unterstellung, Abwertung)

»Ich habe lange nicht so dummes Zeug gehört. Aber von diesen Dummschwätzern von der X-Agentur ist auch nichts anderes zu erwarten. Außer Labern haben die eh nix gelernt. Die lügen doch schon, wenn sie nur den Mund aufmachen.« (Absprechen von Kompetenz, Beleidigung, Unterstellung)

- Der/die so Angesprochene soll in die Defensive geraten, sich aufregen, selbst die Sachebene verlassen oder verstummen und kapitulieren.

- Die Behauptung bzw. Abwertung soll bei anderen Anwesenden wirken und die Glaubwürdigkeit/persönliche Integrität/ Kompetenz des Angegriffenen infrage stellen.

- Auffallend sind die völlige Abwesenheit von Sachargumenten und die Aggressivität der Angriffe. Das sind deutliche Hinweise darauf, dass es in der Sache beim Angreifenden Schwächen gibt und die Beschädigung des Gegenübers als adäquates Mittel zur Durchsetzung der eigenen Ziele gesehen wird.

So umgehen Sie die Falle

Es ist immer gut, wenn Sie vor einer geschäftlichen Begegnung wissen, mit wem Sie es zu tun haben. So können Sie in Erfahrung bringen, ob diese Person gern zu unlauteren Mitteln greift. Vermutlich können Sie dann auch bereits erahnen, welche Angriffspunkte sie auswählen wird.

- Überlegen Sie vorher schon, wie Sie zu erwartende Angriffe klar, bestimmt, sachlich kontern.

- Versuchen Sie, die Dinge möglichst bestimmt und ruhig klarzustellen, vor allem dann, wenn andere Personen anwesend sind. Ihre Stärke und die Schwäche des anderen liegen offensichtlich auf der Sachebene. Lenken Sie das Gespräch konsequent dahin. An Ihrem ruhigen, sicheren, sachorientierten, bestimmten Auftreten merkt Ihr Gegenüber, dass seine manipulativen Techniken bei Ihnen nicht wirken. Das irritiert viele enorm.

- Vermeiden Sie möglichst, sich auf das gleiche (niedrige) Niveau zu begeben. Michelle Obama brachte dies in einer viel beachteten Rede auf den Punkt: »When they go low, we go high.« Versuchen Sie, ohne Diffamierung und Verletzung auszukommen und zurück zur Sachdiskussion zu lenken.

- Wiederholen Sie die abwertenden Begriffe, Schimpfworte nicht. Damit würden sie nur noch enger mit Ihnen als Person verbunden.

FORTSETZUNG DES BEISPIELS: MÖGLICHE ERWIDERUNGEN

»Die Motive, die Sie mir unterstellen, sind falsch. Wir diskutieren hier über die Strategie 2020, und da sind wir offensichtlich unterschiedlicher Meinung. Sie halten XY für aussichtsreich. Ich präferiere XX. Lassen Sie uns das Für und Wider der verschiedenen Ansätze in Ruhe durchdenken: ...« (Den persönlichen Angriff mit einem Lächeln ignorieren, die Unterstellung klar ausräumen, die inhaltliche Diskussion versachlichen, weiter zum eigentlichen Sachthema ausführen)

»Herr Kern, ich sehe mal über Ihre chauvinistischen Sprüche hinweg und komme zu unserer Sachfrage zurück. Sie haben gesagt: ...« (Angriff benennen und werten, zur Sachdiskussion zurück. In Amerika oder Großbritannien ist ein Mann übrigens seinen Job los, wenn er so etwas sagt – in Deutschland wird das oft noch als Kavaliersdelikt angesehen)

»Ich stelle fest: Wir sind unterschiedlicher Meinung und Sie haben Schwierigkeiten, das zu akzeptieren. Ich lasse mich gerne überzeugen, wenn Sie mir Gründe nennen können, warum ...« (Konter des jovial-patriarchal-chauvinistischen Tons durch extreme Sachlichkeit und Seriosität)

»Okay, dann holen wir Sie auch mal auf den Teppich, von dem Sie gerade geredet haben. Mich interessieren die Gründe, warum Sie meinen Vorschlag ablehnen.« (Jovial gekontert, einfordern von sachlichen Gründen für die Kritik. Abwertende Worte wie »Quatsch« dabei nie wiederholen, weil sie dadurch nur nachhaltiger auf andere Anwesende wirken.)

Reicht die sachliche Art der Klarstellung nicht, um den anderen in seinem Angriff zu stoppen, sollten Sie das explizit ansprechen. In moderierten Meetings kann das auch die Moderatorin tun. Greift diese nicht ein, müssen Sie selbst dafür sorgen.

BEISPIEL

Angegriffene Person oder Moderatorin: »Herr Schmidt, Sie haben jetzt mehrmals versucht der Sachdiskussion auszuweichen, indem Sie mich/Frau ... persönlich angreifen/diffamieren/herabsetzen.

Variante 1: »... Ich setze mich gerne mit Ihrer Sicht der Dinge auseinander und erwarte dies umgekehrt auch von Ihnen.«

Variante 2 (für Moderatorin): »... Wir sind hier, um eine schwierige Frage sachlich zu klären. Dabei sind alle Sichtweisen für uns relevant. Ich erwarte deshalb, dass Sie sich mit den Argumenten aller hier am Tisch sachlich auseinandersetzen und auf persönliche Angriffe/Abwertungen verzichten.« (Pause)

Sollte das in der Folge keine Wirkung haben, beenden Sie ruhig und bestimmt das Gespräch: »Okay, Herr Schmidt, ich merke, Ihnen ist nicht an einer Sachdiskussion nicht gelegen. Dann beenden wir das Gespräch an dieser Stelle.«

Taktik Nr. 3: Täuschen

Täuschung ist ein gebräuchliches Mittel in einem wettbewerbsorientierten Umfeld. Sei es, dass man sich unbedingt mit seinen Vorstellungen durchsetzen will, und einem dafür jedes

Mittel recht ist. Sei es, dass man einem gewissen Bild, das man nach außen darstellen will, entsprechen möchte. Wenn Wunsch und Wirklichkeit dann auseinanderfallen, greift man zu Mitteln der Täuschung. Ähnliches passiert, wenn sich Personen überhöhten Erwartungen anderer ausgesetzt fühlen und dann vorgeben, etwas zu sein, das sie nicht sind, oder unlautere Mittel anwenden, um die Ziele zu erreichen. Es gibt zahlreiche Fälle solcher Täuschungsmanöver in allen Wirtschaftszweigen und Branchen, so z. B. im Investmentbanking und – wie wir 2015 erfahren mussten – in der Automobilindustrie. Lukrative Anreizsysteme, Druck von oben, unrealistische Ziele und starke Konkurrenz fördern offensichtlich die Täuschungsbereitschaft.

Nun ist es müßig, darüber zu klagen. Wichtiger erscheint es, dass wir die verschiedenen Schattierungen von Täuschungen – von einfach nur kess bis hin zu betrügerisch – in der täglichen Kommunikation erkennen, um nicht in entsprechende Fallen zu tappen und ihnen etwas entgegensetzen zu können.

Prognosen

Prognosen sind nicht per se Mittel der Täuschung, können aber als solche genutzt werden, vor allem in argumentativen Zusammenhängen.

Erkennungsmerkmale und Wirkung

Bei dieser Falle begründet jemand einen Vorschlag oder eine These mit den Folgen für die Zukunft. Prognosen sind im Hier und Jetzt nicht überprüfbar. Erst der tatsächliche Verlauf der Geschichte wird den Beweis dafür erbringen, dass sie richtig, teilweise richtig oder falsch waren. Daher eignen sie sich gut zur Täuschung und Manipulation. Die Struktur dieser Argumentation ist recht einfach: Das, was zum jetzigen Zeitpunkt niemand mit Sicherheit vorhersagen kann, wird als Fakt hingestellt.

BEISPIELE

1. Wenn wir nicht X machen, passiert Y.
2. Wir dürfen A nicht machen, weil sonst B passiert.
3. Wenn wir den Mindestlohn einführen, werden viele Arbeitsplätze im Niedriglohnsektor wegfallen/verlagert werden und die Arbeitslosigkeit in Deutschland wird steigen.

Man nimmt eine Prognose für die Zukunft als Argument, um eine jetzige Maßnahme anzuregen oder zu verhindern. Beispiel Nr. 3 war in der politischen Diskussion in Deutschland um den Mindestlohn eines der Hauptargumente, das von den Gegnern dieser Maßnahme gebetsmühlenhaft wiederholt wurde. Der Mindestlohn wurde eingeführt, jedoch hat sich diese auch von Wirtschaftswissenschaftler/innen vertretene Prognose als unzutreffend erwiesen. Es sind in der Bundesrepublik Deutschland zwei Jahre nach Einführung des Mindestlohns mehr Menschen in Arbeit als die Jahre zuvor.

Prognosen sind dann sehr glaubwürdig, wenn sie mit Zahlen und Statistiken unterlegt sind. Das Zukunftsszenario wirkt dadurch sachlicher, wissenschaftlich fundiert und glaubwürdiger. Kombiniert mit Behauptungssicherheit (siehe dazu das Kapitel

»Lieblingsfallen von Männern«) und entsprechender Wiederholungsfrequenz bekommt eine Vorhersage den Charakter eines Faktums, das eine Prognose jedoch nie sein kann.

Prognosen, die Argumentationshilfen sein sollen, werden häufig mit emotional aufgeladenen Szenarien kombiniert, also entweder mit etwas, das wünschenswert und schön ist, oder mit etwas, das negativ, abschreckend oder bedrohlich ist. Dieser emotionale Charakter ist es, der dem Argument Gewicht verleiht, und nicht etwa die Richtigkeit, die zu dem Zeitpunkt nicht zweifelsfrei feststellbar ist.

So umgehen Sie die Falle

Prognosen sind in der wissenschaftlichen Arbeit ein probates Mittel, um aus bisherigen Daten und Erkenntnissen Schlussfolgerungen für kommende Entwicklungen zu ziehen. Allerdings können Auswahl und Analyse der Daten interessengeleitet und einseitig sein. Zudem ist die Wirklichkeit häufig komplexer als die den Prognosen zugrunde liegenden Modelle. Folglich sollten Sie Prognosen immer kritisch prüfen.

- In vielen Fällen haben an Prognosen geknüpfte Argumente starke emotionale Trigger. Lassen Sie sich durch das Schön- oder Schwarzfärben des Zukunftsszenarios nicht irritieren, sondern bleiben Sie auf der logisch-analytischen Ebene.

- Fragen Sie nach den Daten bzw. der Datenbasis, auf die sich die Prognose bezieht, und prüfen Sie deren Stichhaltigkeit. Prüfen Sie auch die Plausibilität der Verknüpfung von Daten und Prognose.

- Analysieren Sie: Ist das für die Zukunft prognostizierte Szenario tatsächlich so negativ oder so positiv zu bewerten, wie die argumentierende Person dies darstellt? Zu welchem Schluss kommen Sie? Argumentativ lässt sich zu vielen Prognosen auch eine Gegenprognose aufstellen.

BEISPIEL

> Prognose: »Wenn weniger Kinder geboren werden, wird das Wirtschaftswachstum in Zukunft sinken und damit auch der durchschnittliche Lebensstandard.« Gegenprognose: »Mit der fortschreitenden Technologisierung geht eine Produktivitätssteigerung einher, die diesen Effekt ausgleicht. Wir werden den Lebensstandard halten bzw. sogar steigern können.« Beide Prognosen lassen sich mit Daten belegen und werden derzeit von Wissenschaftler/innen vertreten. Wie es tatsächlich wird, werden die jüngeren Leser/innen erleben können.

- Suchen Sie gezielt nach Hinweisen, die gegen die Prognose sprechen; nicht, um sie zu widerlegen, sondern, um sie zu prüfen.

- Lassen Sie sich nicht allein aufgrund einer nicht überprüfbaren Prognose von etwas überzeugen, gleich, wie behauptungssicher Ihr Gegenüber auftritt.

Unwahre Tatsachenbehauptung

Prognosen können zutreffen oder auch nicht. Unwahre Tatsachenbehauptungen sind dagegen in jedem Fall falsch.

Erkennungsmerkmale und Wirkung

Jemand stellt Sachverhalte oder Ereignisse anders da, als sie in Wirklichkeit sind, fälscht Zahlen oder Ergebnisse oder unterschlägt wichtige Informationen, die zu einer ausgewogenen Urteilsbildung nötig wären.

Es gibt unterschiedliche Gründe dafür, dass es zu unwahren Tatsachenbehauptungen kommt. Vier möchte ich hier herausgreifen:

- **Bewusste, geplante Täuschung:** Man sagt die Unwahrheit, um sich einen Vorteil zu verschaffen oder eine Unannehmlichkeit abzuwehren, z.B. gibt sich als Juristin aus, obwohl man nie Jura studiert hat; behauptet, man habe von der Softwaremanipulation nichts gewusst, um keine Verantwortung übernehmen zu müssen.

- **Defensive Täuschung:** Defensiv täuschen Menschen, wenn sie bei einer Fehlleistung »ertappt« werden und dann aus der Überraschung heraus spontan die Unwahrheit sagen, um sich zu schützen. Sie lügen sozusagen aus Scham und hoffen so, der peinlichen Situation zu entgehen. Beispiele: Behaupten, man habe die Doktorarbeit komplett selbst verfasst, obwohl das nicht stimmt; sagen, die Person, die man um Erlaubnis hätte bitten müssen, wäre nicht erreichbar gewesen, obwohl man es gar nicht versucht hat.

- **Irrtum:** Man sagt ohne Täuschungsabsicht etwas Unrichtiges, weil man sich falsch erinnert oder etwas verwechselt. Das

Gehirn bzw. das Gedächtnis arbeitet bei keinem Menschen fehlerfrei.

- **Verzerrte Wahrnehmung:** Manchmal haben sich Personen so sehr in ihre eigene Vorstellungswelt verstrickt, dass sie selbst nicht mehr in der Lage sind, Realität und Täuschung auseinanderzuhalten. Vor allem Menschen, die in zwanghafte »Spiele« verwickelt sind, die sich selbst also z. B. immer als Opfer oder ihr Leben als einzigen Kampf sehen, nehmen mit dieser verzerrten Wahrnehmung Situationen anders wahr und manipulieren ihr Umfeld so, dass es ihrer Wahrnehmung entspricht (siehe hierzu auch das Kapitel »Selffulfilling Prophecy«). Man wird sich mit ihnen in den seltensten Fällen darüber einigen können, was tatsächlich geschehen ist. Wenn sie bei der Aufarbeitung eines Sachverhalts falsche Angaben machen, kann es sein, dass sie nicht gezielt täuschen, sondern zu 100 Prozent davon überzeugt sind, dass es sich genauso abgespielt hat, wie sie sagen.

> Es gibt viele Ursachen für unwahre Tatsachenbehauptungen. Nicht immer kann man davon ausgehen, dass unser Gegenüber bewusst und absichtlich die Unwahrheit sagt.

Viele Menschen reagieren mit starken Gefühlen, wenn sie glauben oder letztlich erkennen, dass sie betrogen werden bzw. wurden. Hilflosigkeit, (tiefe) Enttäuschung, Scham, Wut, Rachegefühle, Wunsch nach Beziehungsabbruch, anhaltendes Misstrauen etc. können die Folge sein.

Hat man ohnehin ein negatives oder misstrauisches Menschen-
bild oder Vorbehalte gegen die Gruppe, der die Person zugehö-
rig ist, wird diese Annahme durch solche Erfahrungen weiter
verstärkt.

BEISPIELE

> »Wusste ich's doch, Politiker sind ohnehin ...«; »Männern/Frauen/Aus-
> ländern/... kann man nicht trauen.«; »Klar, wieder diese Marketing-
> leute!«

Die Beziehungsebene der Gespräche bzw. Verhandlungen verschlechtert sich in der Regel dramatisch.

Konstruktive Lösungen sind nach einer wirklichen oder vermeintlichen Täuschung schwieriger zu erreichen, weil die Vertrauensbasis erschüttert ist.

So umgehen Sie die Falle

Es ist unangenehm, wenn man mit einer Person kommunizieren muss, die Falsches behauptet (hat). Trotzdem sollten Sie
sich vor der unnötigen Eskalation eines möglichen Konflikts
hüten.

- Bleiben Sie trotz aufkeimenden Ärgers zunächst einmal ruhig
  und prüfen Sie die Situation. Wie kommt die andere Person
  zu ihrer (vermeintlich unwahren) Tatsachenbehauptung? Was
  sind ihre Gründe dafür (Selbstoffenbarung)? Was will sie damit erreichen? Könnte es sein, dass es doch stimmt?

- Es kann sein, dass die Person Sie nicht täuschen wollte, sondern sich nur geirrt hat. Eine Eskalation des Vorfalls würde das Gespräch unnötig belasten. Stellen Sie den Sachverhalt einfach möglichst gesichtswahrend klar.

- Wenn die Person in einem ihrer »Spiele« gefangen ist, ist sie sich nicht unbedingt bewusst, was sie da gerade sagt, macht, behauptet. Sie ist nur bedingt zurechnungsfähig in diesem Moment. Wenn Sie sich aufregen, hilft es in den meisten Fällen nicht weiter, ist vielleicht sogar Teil des Spiels. Hüten Sie sich davor, williger Mitspieler in einem der Lieblingsstücke des anderen zu werden (»Nie glaubt mir jemand«; »Immer sind alle gegen mich«; »Ich bin gut, alle anderen sind böse«).

- Sagt jemand aus der Defensive heraus die Unwahrheit, treibt ihn ein weiteres Anklagen nur noch mehr in die Enge, was wiederum zu Reaktanzverhalten führt (siehe hierzu das Kapitel »Viel reden«). Je heftiger Sie ihn anklagen, desto stärker wird er leugnen und abwehren. Lenken Sie das Gespräch aus dieser festgefahrenen Situation heraus. Lassen Sie die Meinungsverschiedenheiten in dieser Frage stehen und arbeiten Sie in Richtung Lösungsfindung für die Zukunft. Es geht im beruflichen Kontext in der Regel nicht darum, zu zeigen, dass man moralisch/fachlich oder sonst wie besser ist als das Gegenüber oder dass man recht hat(te), sondern darum, Aufgaben zu bewältigen und Probleme zu lösen. Das Demonstrieren von Überlegenheit fördert häufig das Bedürfnis der anderen, sich selbst aufzuwerten, notfalls mit einer Täuschung.

- Kommen Sie zu dem Schluss, dass jemand bewusst Falsches behauptet, stellen Sie die Dinge inhaltlich klar, jedoch möglichst ohne den Betroffenen als Lügner darzustellen. Das gilt vor allem dann, wenn andere Personen dabei sind. So vermeiden Sie, dass Ihr Gegenüber das Gesicht verliert. Im Berufsleben müssen Sie meist auch in Zukunft miteinander auskommen. Treten Sie keine »Wir-sind-Feinde-Geschichte« los, nur, weil der andere versucht hat, Sie in seinem Sinne zu manipulieren. Bleiben Sie korrekt und sachlich, auch wenn Ihr Gegenüber es nicht war.

BEISPIEL

Angreifend: »Ich bin es leid, von Ihrer Abteilung immer falsche Daten geliefert zu bekommen. Meinen Sie, ich bin blöd?« **Gesichtswahrend:** »Ich weiß nicht, woher Sie diese Informationen haben. Uns vom Controlling liegen andere Daten vor, und zwar folgende: ...«

Angreifend: »Es ist ja gut und schön, dass Sie versuchen, uns Ihren Spezi unterzujubeln. Aber meinen Sie, ich würde nicht merken, dass er gar nicht qualifiziert ist für das, was wir brauchen? Das grenzt ja schon an Betrug, was Sie da machen!« **Gesichtswahrend:** »Herr Schmidt, Sie haben uns Herrn Wels für die Stelle wärmstens empfohlen. Aus den Unterlagen habe ich entnommen, dass er Heilpraktiker mit Schwerpunkt Psychotherapie ist und mit dieser Ausbildung nach unseren Richtlinien nicht in Frage kommt.«

- Wenn eine Person (häufiger) nicht wahrheitsgemäß auftritt, sprechen Sie das in einem persönlichen Gespräch unter vier Augen direkt an. Sagen Sie, wie es Ihnen damit geht und was Sie sich vom anderen (in Zukunft) wünschen. Manche lügen »nur«, um Sie vor unangenehmen Wahrheiten zu schützen, oder weil sie Angst haben oder sich schämen. Diesen Personen hilft meist schon ein klärendes Gespräch, um Ihnen in Zukunft die Wahrheit zuzumuten.

Schonendes Entlarven können Sie trainieren. Eine entsprechende Übung finden Sie auf haufe.de/mybook nach Eingabe des Codes TGA-HL12 in der Rubrik »Kommunikation & Soft Skills«.

Emotionaler Druck

Jemand möchte Sie zu etwas bewegen und nutzt dazu manipulative Mittel, indem er emotionalen Druck aufbaut und (scheinbare) Argumente gezielt an Ihren persönlichen Schwachpunkten ansetzt.

Erkennungsmerkmale und Wirkung

Der andere verspricht Ihnen einen vermeintlichen Nutzen oder droht Ihnen einen Schaden an. Beides muss in der (behaupteten) Form nicht stimmen, sondern ist Teil der Täuschung. Seine eigenen Motive verschleiert er dabei gezielt.

BEISPIEL

Hilfsbereitschaft: »Karla, ohne dich sind wir völlig aufgeschmissen. Wenn du nicht mithilfst, können wir das alles hier vergessen ...«

Eitelkeit: »Das ist DIE Gelegenheit, dich bei allen, die Rang und Namen haben, bekannt zu machen.«

Schmeichelei: »Du bist doch mein bester Mitarbeiter!«

Schlechtes Gewissen: »Du kannst mich doch nicht gerade jetzt im Stich lassen.«

Drohung: »Bitte, nur zu, wenn Sie so leichtfertig Ihre Karriere aufs Spiel setzen wollen! Ich würde mir das an Ihrer Stelle noch einmal genau überlegen.«

Gier: »Da bieten sich Wahnsinnsrenditen, fast ohne Risiko. Also 10 % waren in der Vergangenheit nicht die Ausnahme.«

Ruhm: »Sie stünden dann an der Spitze von … und könnten …«

Zeitdruck: »Wenn Sie dieses Angebot nutzen wollen – und Sie wären blöd, wenn Sie da Nein sagten – muss ich das bis heute 11 Uhr wissen. Das muss nämlich bis 12 Uhr in der Zentrale sein.«

Durch den Aufbau des emotionalen Drucks soll das logisch-kritische Denken überlistet werden. Sie sollen nicht prüfen, was Ihre Interessen sind, was dafür oder dagegen spricht, sondern sich im Sinne desjenigen entscheiden, der den Druck ausübt. Dafür nutzt Ihr Gegenüber eine emotionale Falle, von der es vermutet, dass Sie sich von ihr besonders angezogen fühlen. Bei einer an anderen Menschen nicht interessierten Person wird man nicht an ihre Hilfsbereitschaft oder Freundschaft appellieren. Aber vielleicht ist sie anfällig für Gier, Ruhm, Schmeichelei.

Es wird versucht, durch das Hervorrufen starker Gefühle die Entscheidung zu beeinflussen. So wird z. B. beim anderen die Angst geweckt, jemanden zu enttäuschen oder im Stich zu lassen, die Angst, einen Fehler zu machen oder etwas zu verpassen oder aber auch die Vorfreude auf eine in Aussicht gestellte Belohnung.

Manipulative Techniken dieser Art funktionieren besonders gut unter Zeitdruck, der häufig künstlich erzeugt wird.

So umgehen Sie die Falle

Immer wenn Sie sich in Gesprächen emotional stark unter Druck gesetzt fühlen (positiv im Sinne von sehr verlockend, negativ im Sinne von bedrohlich, unangenehm, fühlt sich schlecht an), ist die reale Gefahr gegeben, dass Sie gerade kurz davor sind, in eine Kommunikationsfalle zu tappen.

- Prüfen Sie den Sachverhalt rational. Fragen Sie gezielt nach.

- Checken Sie: Welches Interesse hat der andere, dass Sie sich so oder so entscheiden? Steht Ihnen die Entscheidung frei oder übt Ihr Gegenüber tatsächlich Druck auf Sie aus? Warum macht es das?

- Wägen Sie die Interessen beider Seiten ab. Entziehen Sie sich dem emotionalen Druck.

- Oft ist es im Beisein der Druck ausübenden Person schwierig, den Sachverhalt und die eigenen Interessen in Ruhe zu prüfen. Vertagen Sie die Entscheidung, unabhängig von dem Zeitdruck, den Ihr Gegenüber macht. Häufig ist er rein taktisch begründet. Sagen Sie, nachdem Sie durch Fragen die Hintergründe erkundet haben: »Okay, ich überlege mir das. Ich rufe Sie in 10 Minuten/in einer Stunde/morgen/in der nächsten Woche an.« Je drängender die Person insistiert, desto wichtiger ist, dass Sie sich die Auszeit nehmen, um alleine ihre Gefühle zu prüfen, zu denken und zu entscheiden.

Lieblingsfallen von Frauen

Es gibt keine Form der Kommunikation, die exklusiv bei Männern oder Frauen zu beobachten wäre. Trotzdem sind ein paar Kommunikationsmuster auch heute noch häufiger bei Frauen anzutreffen. Sie können vor allem in beruflichen Kontexten zu Nachteilen führen.

In diesem Kapitel erfahren Sie u. a.,

- wie Frauen sich selbst abwerten und welche Rolle Sprache dabei spielt,
- wie Körpersprache das eigene Wohlbefinden aber auch die Wirkung auf andere beeinflusst,
- worauf Frauen achten sollten, um sich nicht selbst ins Hintertreffen zu bringen.

Defensive Sprache

Es gibt auch Männer, die in öffentlichen Redesituationen sehr defensiv auftreten. Bei Frauen ist dieses Muster vor allem in gemischten Gruppen zu beobachten. Sie treten in öffentlichen und beruflichen Redesituationen zurückhaltend und wenig selbstbewusst auf, so als müssten sie sich dafür entschuldigen, dass sie die Aufmerksamkeit der anderen beanspruchen und eine eigenständige Meinung vertreten.

Erkennungsmerkmale und Wirkung

Betroffene melden sich signifikant weniger als andere oder gar nicht zu Wort. Wenn sie reden, benutzen sie vermehrt abschwächende oder relativierende Adjektive/Adverbien (in der Fachliteratur auch Hedges genannt). Sie verwenden den Konjunktiv, um ihre Aussagen abzuschwächen und eigene Interessen zu verschleiern.

BEISPIELE

»Ich finde das ein bisschen ungerecht.«

»Vielleicht könnten wir etwas später beginnen…«

»Ich könnte mir vorstellen, dass es vielleicht irgendwie besser wäre, wenn wir…«

»Eventuell könnten wir auch…«

»Eigentlich möchte ich nicht *so* gerne…«

Wirkung

- Wenn Personen weniger selbstbewusst auftreten und sehr weich und vage formulieren, wird dies schnell als Schwäche oder mangelnde Kompetenz ausgelegt.

- Wer sich an Diskussionen wenig oder gar nicht beteiligt, nimmt mit eigenen Vorstellungen, Ideen, Forderungen entsprechend weniger Raum ein und mindert damit die Erfolgschancen, die eigenen Anliegen durchzusetzen.

- Abschwächende und relativierende oder vernebelnde Formulierungen nehmen den Aussagen die Schärfe und Direktheit, aber auch die Kraft und rhetorische Wirkung. Hedges relativieren (irgendwie, eigentlich, eine Art von, sozusagen). Worte wie »vielleicht«, »eventuell« werden gerade auch in Verbindung mit Konjunktiven als sog. Weichmacher genutzt.

- Die Weichmacher/Hedges ermöglichen einen sofortigen Rückzug für den Fall, dass das Gegenüber es anders sieht. Man sagt etwas, signalisiert aber gleichzeitig: »Ich bestehe nicht auf dieser Meinung. Ich bin bereit, mich anzupassen, unterzuordnen, wenn ihr das anders seht.«

- Defensive Diskussionsstrategien machen es den anderen leicht, die Anliegen der redenden Person zu überhören oder vom Tisch zu wischen.

Alternativen

Da Kommunikation erlerntes Verhalten ist und Verhalten änderbar, ist es durchaus möglich, sich dieses defensive, sich selbst schwächende, ein bisschen nach »Entschuldige, dass ich rede« klingende Muster abzugewöhnen.

- Bringen Sie sich in Diskussionen mit Wortbeiträgen ein. Warten Sie nicht darauf, dass andere Ihre Interessen vertreten. Überlegen Sie, was Sie in Bezug auf eine Frage denken oder wollen und setzen Sie sich für Ihr Anliegen ein!

- Trainieren Sie sich eine gewisse Hartnäckigkeit und Robustheit in Diskussionen an. Ohne rednerischen Einsatz können Sie Ihre Interessen nicht einbringen und erfolgreich vertreten. Wenn Sie merken, dass Sie sich nicht trauen, sich in der Öffentlichkeit bzw. in beruflichen Kontexten mit Ihren Vorstellungen einzubringen, suchen Sie sich Unterstützung beim Aufbau von mehr Selbstbewusstsein (z. B. mit Seminaren zur Persönlichkeitsentwicklung).

- Minimieren Sie die Zahl der Weichmacher in Ihren Sätzen. Benutzen Sie den Konjunktiv nur, wenn etwas tatsächlich unsicher ist. Wenn Sie hingegen etwas wollen/denken/meinen, sollten Sie dies im Indikativ formulieren: »Ich bin dafür/schlage vor/bin dagegen, dass ...«.

Formulierungsübung

Formulieren Sie die Sätze in der linken Spalte ohne Weichmacher/ Hedges/Konjunktive klar und selbstbewusst. Verdecken Sie die rechte Spalte, die mögliche Lösungssätze enthält, zunächst mit einem Blatt.

Formulierungsübung

»Ich finde das ein *bisschen* ungerecht.«	Ich finde ungerecht, dass ...« (Entweder es ist ungerecht oder nicht. Eine Frau kann auch nicht ein bisschen schwanger sein, also weglassen!)
»*Vielleicht* könnten wir *etwas* später beginnen.«	»Ich möchte gern, dass wir am Montag eine Stunde später beginnen, damit wir genügend Zeit haben, um ...« (»Vielleicht können wir« ist ein typischer versteckter Appell. Wenn Sie möchten, dass Ihr Wunsch erfüllt wird, sollten Sie ihn klar vortragen und begründen.)
»*Eventuell* könnten wir auch ...«	»Ich schlage vor, dass wir ...« (Nur, wenn Sie sich sehr unsicher sind, ob der Vorschlag gut ist, können Sie mit »vielleicht« und im Konjunktiv formulieren. Viele Frauen reden aber auch dann so, wenn sie genau wissen, was sie wollen. In dem Fall sollten Sie eine deutlichere Formulierung für Ihren Vorschlag wählen.)
»*Eigentlich* möchte ich nicht *so* gerne ...«	»Ich möchte nicht ...« (»Eigentlich« bedeutet immer eine Rückzugsmöglichkeit: »Eigentlich möchte ich nicht so gerne, aber wenn's sein muss, dann pass ich mich eben an.« Wenn Sie das nicht wollen, sollten Sie klar sagen, was Sie nicht möchten – ohne Einschränkung und Rückzug.)
»Das *wär* doch besser, *oder*?«	»Ich finde die Lösung X besser. Wie seht ihr das?« (»Oder?' ist eine zustimmungsheischende Formulierung. Haben Sie die Meinung nicht auch ohne die Zustimmung der anderen? Sagen Sie, was Sie denken, und stehen Sie dazu. Deshalb ist die Ich-Formulierung im Indikativ [»ich finde«] stärker als eine verallgemeinernde Formulierung im Konjunktiv [»es wäre«]. Wenn es Sie interessiert, wie die anderen das sehen, fragen Sie offen danach, aber ohne Unterwürfigkeit und ohne Heischen nach Zustimmung. Sie können es aushalten, wenn andere nicht Ihre Meinung teilen.)

Widersprüchliche Signale

Aus der Art, wie jemand spricht, so z. B. aus der Sprechmelodie und dem Stimmklang, ziehen wir Informationen, die uns Rückschlüsse auf die Person oder ihre Haltung zum gerade Gesagten ziehen lassen. Man nennt sie paraverbale Signale. Eine Falle kann sich auftun, wenn wir für unsere Anliegen eintreten und andere überzeugen wollen, jedoch gleichzeitig paraverbal Signale der Unsicherheit oder Unschlüssigkeit senden – kurz: wenn das, was wir sagen, nicht zu dem passt, wie wir es sagen.

Erkennungsmerkmale und Wirkung

Die Person spricht in erhöhter Stimmlage. Sie nutzt als Sprechmelodie für Aussagesätze nicht die bestimmt wirkende und normale abfallende (terminale) Sprechmelodie, sondern die Stimme bleibt in der Schwebe (progredient) oder geht nach oben (interrogativ). Sie spricht leiser und schneller bzw. verhuschter als für die Situation angemessen. All das lässt die Betroffenen kindlicher, unsicherer, hilfloser wirken. Dadurch wird über die eigentlich vorhandene Expertise hinweggetäuscht. In einem System, in dem der Stärkere oder die Klügere gewinnt, signalisiert man damit, dass man nicht in Konkurrenz zu den anderen (männlichen) Anwesenden tritt. Die paraverbale Parallelbotschaft lautet: »Ich bin selbst nicht so sicher, ob ich das meine, was ich sage«, oder: »Bitte, seid mir nicht böse, dass ich eine eigene Meinung habe«.

- **Erhöhte Stimmlage:** Männerstimmen sind im Schnitt fast eine Oktave tiefer als Frauenstimmen. Rutschen Männer, z. B. wegen Lampenfieber, mit der Stimme etwas nach oben, fällt das vielen gar nicht auf. Frauenstimmen aber, die höher werden, nähern sich der kindlichen Tonlage an. Sie verlieren ihren Erwachsenencharakter. Oft wird die Stimme dadurch enger, verliert an Fülle und verändert ihren charakteristischen Klang, wird z. B. piepsig, schrill, brüchig, weniger tragend etc. Dies kann beim Publikum unbewusst dazu führen, einer Person weniger Expertise zuzuschreiben und sie weniger ernst zu nehmen.

- **Schwebende bzw. fragende Sprechmelodie:** Bleibt die Stimme nach dem Ende eines Aussagesatzes in der Schwebe oder geht sie nach oben, verliert der Satz seine Aussagefunktion. Er bekommt einen vorläufigen oder fragenden Charakter. Kombiniert mit Konjunktiven oder Weichmachern und Hedges wird die Aussage zu einer losen, unverbindlichen Gedankenblase.

- **Leises Sprechen:** Man muss nicht brüllen, um ernst genommen zu werden. Leises Sprechen jedoch führt zwangsläufig dazu, dass andere einen schlechter verstehen. Andere nehmen es zudem häufig als Signal für Unsicherheit wahr. Mag auch der Inhalt der Worte klar und bestimmt sein, so signalisiert der mangelnde Nachdruck im Stimmlichen wahlweise die Botschaft: »Na ja, ganz so wichtig ist es nicht«, oder: »Ganz so sicher bin ich mir nicht«, oder: »Hoffentlich trete ich Ihnen jetzt nicht zu nahe damit, dass ich das sage«.

Häufig ist das leise Sprechen mit anderen nonverbalen bzw. paraverbalen Techniken kombiniert, die die rhetorische Wirkung von Worten einschränken, z. B. schwebende Satzmelodie, geneigte Kopfhaltung, schnelles und wenig expressives Sprechen (siehe hierzu die Kapitel »Viel reden« und »Schnell reden«).

So umgehen Sie die Falle

- **Arbeiten Sie an Ihrer Stimmlage:** Dass die Stimme in bestimmten Redesituationen höher rutscht als normal, merken viele selbst nicht. Sie brauchen dafür also erst einmal die Rückmeldung von anderen. Wird Ihnen bestätigt, dass Ihre Stimme nach oben ausreißt, sollten Sie zunächst herausfinden, wie die eigene Stimme im Normalfall klingt und wann sie sich »anders anfühlt« oder »anders klingt«. Häufig sind Nervosität und eine damit einhergehende muskuläre Überspannung der Grund für das Höherrutschen. Gelingt es Ihnen, in solchen Redesituationen gelassener zu sein bzw. die Gesamtmuskulatur zu lockern, normalisiert sich häufig auch der Stimmklang. Manchmal ist es aber recht schwierig, das Zusammenspiel von mentalen Fragen, Körperspannung und Stimmklang allein zu optimieren. Es lohnt sich, in solchen Fällen ein Seminar zu Stimme und Sprechen und/oder zum Thema Lampenfieber zu besuchen. Alternativ können Sie sich auch persönlich von Stimm- und Sprechspezialist/innen coachen lassen (siehe hierzu das Kapitel »Sich Unterstützung holen«).

- **Passende Satzmelodie:** Erst einmal müssen Sie wahrnehmen, was Sie eigentlich tun, wenn Sie sprechen. Jede Person, die Deutsch als Muttersprache hat, hat auch gelernt, Sätze mit terminaler Satzmelodie zu bilden. Sie können das also. Es kann folglich nur darum gehen, dass Sie das, was Sie sowieso können, auch in als schwierig oder stressig empfundenen Redesituationen realisieren. Meist sind dies berufliche Situationen oder solche, in denen man unter Druck steht. Kurze Sätze lassen sich besser terminal beenden als lange Bandwurmsätze, klare, bestimmte Aussagen besser als solche mit vielen Weichmachern und Hedges. Wenn Sie selbst hören, wann es gut klappt und wann weniger, können Sie gezielt daran arbeiten, Ihre Aussagen mit bestimmter Satzmelodie zu begleiten. Merken Sie, dass Sie dies alleine nicht trainieren können, reichen ein paar Sitzungen mit einem ausgebildeten Sprechcoach, um das deutlich zu verbessern.

- **Angemessene Lautstärke:** Nicht jede Stimme hat das Volumen, einen großen Raum zu füllen. In die Situation, dies tun zu müssen, kommen die meisten allerdings auch selten. Im Zweifel ist das Mikrofon dann die bessere Wahl. Ist die Sprechstimme allerdings auch in normalen Gesprächs- oder Redesituationen sehr leise, lohnt es sich, ein wenig Ursachenforschung zu betreiben. Ist die Stimme immer leise? Ist sie es nur in bestimmten Redesituationen? Fühlen Sie sich unwohl in diesen Situationen? Der Stimmklang wird mithilfe zahlreicher Muskeln gebildet. Sind diese über- oder unterspannt, hat dies direkte Auswirkungen auf den Klang. Manchmal reicht es bereits, sich selbstbewusster und sicherer zu fühlen.

Körper und Stimme normalisieren sich dadurch nebenbei von allein. Manchmal haben sich die Muster des Sich-klein-und-leise-Machens schon so im Körperbild gefestigt, dass es besser ist, neben den mentalen Themen gezielt an Körperhaltung, Stimm- und Sprechtechnik zu arbeiten. Dies kann man im Privaten spielerisch trainieren, z. B. durch die Mitwirkung in einer Theatergruppe oder in einem Chor. Doch auch hier hilft gezieltes Training in Seminaren und/oder Coaching durch qualifizierte Rhetorik-, Stimm- oder Sprechtrainer/innen.

Selbstabwertung

Selbstabwertungen sind Kommentare, die die eigene Expertise und Kompetenz herabsetzen.

Erkennungsmerkmale und Wirkung

Man stellt Eigenschaften oder Errungenschaften als nicht so toll oder als Frucht des Zufalls dar, benennt auch ungefragt vermeintliche Mängel und Defizite oder wertet andere Personen im Verhältnis zu sich selbst auf. Bei Frauen findet man dieses Verhalten häufiger als bei Männern. Wer solche Redestrategien nutzt, z. B. in Präsentationen, in Meetings oder bei der Begrüßung, macht sich kleiner, als er tatsächlich ist.

BEISPIEL

»Na ja, so gut ist mein Französisch auch nicht. Aber es reicht vielleicht, um ...«

»Ich fand meine Masterarbeit jetzt nicht so toll, aber meine Professorin meinte, ich solle doch promovieren, na und dann habe ich es halt versucht...«

»Eigentlich wollte ich noch die Zahlen von 1950 einfügen. Das habe ich jetzt nicht. Das ist natürlich blöd, aber, na ja, ...«

»Ich habe natürlich nicht so viel Erfahrung wie Herr Schmidt, aber ...«

- Selbstabwertende Äußerungen führen dazu, dass andere eine Person als nicht wirklich kompetent wahrnehmen. Deren Mängel treten mehr in die Wahrnehmung als deren Expertise.

- Selbstabwertung kann auch eine Schutzfunktion erfüllen. Stellt sich eine Rednerin als unwissender/unfähiger dar, als sie ist, kann sie nicht in dem Maße versagen. Sie hat ja keine großen Erwartungen geweckt. Breitet man seine eigenen vermeintlichen oder realen Mängel vor anderen aus, ist dies ggf. mit der Hoffnung verbunden, nicht angegriffen zu werden. Selbstabwertung kann tatsächlich Schutzinstinkte auslösen, so dass man wohlwollender und nachsichtiger mit der Person umgeht. Dies ist jedoch mit einer Hierarchisierung der Beziehung verbunden. Man zeigt gegenüber Schwachen, Hilflosen und Benachteiligten Nachsicht und Milde.

- Nicht bei allen löst selbstabwertendes Verhalten und die damit gezeigte Schwäche nachsichtige Gefühle aus. Manche bestärkt es in ihrem Überlegenheits- und Machtbestreben. Sie nutzen die vermeintliche Schwäche zu ihrem Vorteil, z. B. indem sie die Person ebenfalls abwerten, weniger zu Wort kommen lassen, mit weniger Respekt behandeln etc.

- Mit selbstabwertendem Verhalten erfüllen Frauen die traditionellen Erwartungen an ein weibliches Rollenbild, nämlich, dass sie in der Öffentlichkeit bescheiden auftreten und sich nicht in den Mittelpunkt spielen.

- Diese Das-Licht-unter-den-Scheffel-stellen-Strategie dämpft vielleicht auch die Befürchtung, als starke und erfolgreiche Frau als weniger weiblich, attraktiv oder liebenswert angesehen zu werden. Tatsächlich werden einflussreiche Frauen im öffentlichen Diskurs häufiger persönlich und »unter der Gürtellinie« angegriffen. So wird öfters auf ihr Aussehen, ihr Geschlecht, ihre persönlichen Lebensverhältnisse Bezug genommen. Es lässt sich allerdings nicht feststellen, dass selbstabwertendes Verhalten davor schützen könnte.

So umgehen Sie die Falle

Gewöhnen Sie sich Selbstabwertungen ab. Wenn es darum geht darzustellen, was Sie wissen und können, sollten Sie sich darauf beschränken, das zu benennen.

- Verzichten Sie auf unaufgefordert relativierende, abwertende und selbstkritische Formulierungen zur Selbstbeschreibung.

- Üben Sie auch hier selektive Authentizität (siehe das Kapitel »Unechtes Sprechen«). Sie müssen nicht lügen, sich nicht in den höchsten Tönen rühmen. Es reicht, wenn Sie sich automatisiertes selbstabwertendes Sprachverhalten abgewöhnen und zu dem stehen, was Sie wissen und können.

- Verzichten Sie auf Negationen und drücken Sie das, was Sie wissen/können, positiv aus. Nutzen Sie aktive Formulierungen, statt Passiv oder Zufälle oder das Schicksal zu bemühen.

BEISPIEL

Statt: »Mein Spanisch ist *nicht* so gut«, besser: »Ich verfüge über Grundkenntnisse in Spanisch.«

Statt: »Ich bin dann von meiner Firma nach Amerika *geschickt worden.*«, besser: »Ich habe mich entschieden, das Angebot meiner Firma anzunehmen, und bin nach Amerika gegangen.«

Eine Übung, mit der Sie das Umformulieren trainieren können, finden Sie auf haufe.de/mybook nach Eingabe des Codes TGA-HL12 in der Rubrik »Kommunikation & Soft Skills«.

Verharmlosende Körpersprache

In beruflichen Redesituationen lässt sich häufig beobachten, dass Frauen eine Körperhaltung wählen, die sie kleiner, schmaler und auch kindlicher erscheinen lässt, als sie es sind.

Erkennungsmerkmale und Wirkung

- **Eng stehen:** Manche stellen die Füße eng zusammen bzw. pressen die Arme eng an den Körper. Es wirkt so, als schämten sie sich für ihre natürlichen Ausmaße und dafür, dass sie diesen öffentlichen Raum einnehmen.

- **Überspannung:** Diese Haltung führt zu einer erhöhten Spannung im gesamten Körper. Gut beobachten kann man das z. B. an durchgedrückten Knien. Zu hohe Körperspannung schränkt die Atmung ein (die Bauchdecke ist dann fest und gibt kaum nach) und verändert den Stimmklang. Insgesamt wirkt diese überspannte, sich verkleinernde Haltung nicht souverän.

- **Eingeschränkte Gestik:** Wenn ich betroffene Frauen auf ihre eingeschränkte Gestik anspreche, sagen manche, ihnen sei gesagt worden, sie zappelten herum und ihre Gestik störe. Deshalb bemühen sie sich extra darum, ihren natürlichen gestischen Ausdruck einzuschränken. Mit ihrer natürlichen Gestik wirken sie jedoch lebendiger, expressiver, bestimmter – etwas, das offensichtlich nicht bei allen auf positive Resonanz stößt. Dies hat vor allem mit den Gewohnheiten und der Erwartung zu tun, wie eine Frau im öffentlichen Raum aufzutreten habe (siehe Kapitel »Männersache – Frauensache«). Ich empfehle, das Ausdrucksverhalten nicht zu ändern. Die Nachteile einer unterdrückten Gestik sind eklatant und deutlich sicht- und hörbar.

- **Geneigter Kopf:** Obwohl Frauen im Durchschnitt kleiner sind als Männer, ist bei ihnen häufiger zu beobachten, dass sie in Gesprächen, Diskussionen und bei Auftritten ihren Kopf seitlich oder seitlich nach unten neigen. Sie machen sich dadurch physisch noch kleiner. Der geneigte Kopf verändert die gesamte Wirkung der Person. Bei manchen wirkt das süß, bei anderen schüchtern oder liebenswürdig – wenn es mit

Lächeln verbunden wird, auch kokett oder unsicher. Im beruflichen Kontext sind dies Effekte, die häufig im Gegensatz zur Expertise, Rolle und Autorität der Person stehen.

Die eigene Haltung wirkt nach innen auf das eigene Empfinden und nach außen auf die Mitmenschen. Wer sich kleiner/schmaler/enger/fester macht, schnürt sich ein und fühlt sich dann auch so. Oft kann man die Folgen auch an der flachen Atmung beobachten. Dies verstärkt das Unwohlsein, das man vielleicht ohnehin in der Situation verspürt. Die unkomfortable Haltung signalisiert wiederum anderen, dass man nicht wirklich souverän dasteht. Diese als Schwäche wahrgenommene Haltung ermutigt manche geradezu, der scheinbar unsicheren Person zu widersprechen, sie anzugreifen, sie zu überhören, sie nicht ernst zu nehmen oder als gleichwertig anzusehen. Dies muss kein bewusster Vorgang beim Gegenüber sein. Die körpersprachlichen Signale anderer werden meist unbewusst wahrgenommen und gewertet. Die (leicht) respektlose Reaktion der anderen macht die Situation für die sich klein machende Person noch unkomfortabler, so dass ein Teufelskreislauf entsteht.

So umgehen Sie die Falle

Sprechen ist auch ein körperlicher Akt. Deshalb sollten Sie Ihren Körper in jeder Redesituation so ausrichten, dass er sie in Ihrer Aufgabe unterstützt.

Die optimale Körperhaltung

- Im Stehen sind die Füße ungefähr hüftbreit auseinander. Im Sitzen ruht das gesamte Gewicht auf den Sitzbeinhöckern. Die Beine sind locker abgestellt (nicht verknotet), der Oberkörper ist aufrecht (also nicht Becken abknicken).

- Die Knie sind locker und weich (nicht durchgedrückt).

- Der Kopf ist locker aufrecht (wie ein Korken auf dem Wasser); der Blick ist auf die Angesprochenen gerichtet.

- Im Stehen sollten die Hände auf Taillenhöhe gehalten werden, so dass sie von dort aus für Gestik zur Verfügung stehen. Im Sitzen am Tisch liegen die Hände locker auf dem Tisch, ohne dass der Körper auf den Armen abgelegt wird.

- Die Hände sollten in jedem Fall immer frei beweglich, sozusagen wurf- und fangbereit, sein, also nicht verknotet, in die Hosentasche gesteckt.

Lieblingsfallen von Männern

Nach wie vor ist der Druck auf Männer groß, stark, kompetitiv und dominant aufzutreten – nicht zuletzt durch entsprechende Vorbilder in Gesellschaft und Medien. Dies spiegelt sich in männertypischen Kommunikationsfallen wider, die aber durchaus auch von Frauen genutzt werden können.

In diesem Kapitel erfahren Sie u. a.,

- mit welchen Techniken Diskussionsteilnehmer Überlegenheit vortäuschen,

- welche Nachteile ein pseudosachlicher Gesprächsstil hat,

- warum starke Persönlichkeiten es nicht nötig haben, sich hinter Wortfassaden zu verstecken.

Belehrungsvorträge und Mansplaining

Mit Belehrungsvorträgen sind längere Redesequenzen in Diskussionen und Gesprächen gemeint, in denen jemand andere unaufgefordert belehrt und ausführt, wie man Dinge zu sehen und zu verstehen habe. Der Begriff Mansplaining ist eine amerikanische Wortschöpfung aus den Begriffen »man« und »explain«, die die Publizistin Rebecca Solnit 2008 in ihrem Essay »Men Explain Things to Me« geprägt hat und die sich mittlerweile im anglophonen Sprachraum als fester Begriff etabliert hat. Damit wird ein bestimmtes kommunikatives Verhalten von Männern vorwiegend gegenüber Frauen bezeichnet. Gemeint ist das immer wieder zu beobachtende Phänomen, dass Männer gegenüber Frauen belehrend auftreten, selbst dann, wenn die Frau die eigentliche Expertin auf diesem Gebiet ist. In den USA hat das Verb »mansplain« mittlerweile eine Bedeutungserweiterung erfahren. Es bezeichnet nicht mehr nur einen herablassenden belehrenden Redestil in Gesprächen und Diskussionen, sondern die damit oft verbundene Angewohnheit, den anderen zu unterbrechen und möglichst wenig zu Wort kommen zu lassen.

- Unaufgeforderte Belehrungsvorträge und Mansplaining in Gesprächen etablieren eine Hierarchie. Sie suggerieren den Anwesenden, der Sprecher sei der anderen Person fachlich oder intellektuell überlegen.

- Belehrungsvorträge sind – anders als kurze Erklärungen – ausschweifend und raumgreifend. Diskussionen mit Personen, die zu solchem Verhalten neigen, verlaufen meist sehr unausgeglichen, was die Redezeit betrifft. Damit wird ein Dominanzverhältnis etabliert.

- Die Belehrung erfolgt unaufgefordert, ist also keine Antwort auf eine Frage und befriedigt nicht das Bedürfnis der angesprochenen Person, etwas erklärt zu bekommen. Sie dient nur der Macht- und Überlegenheitsdemonstration. Auf der Beziehungsebene wird mit diesem Verhalten signalisiert: »Ich hab's drauf; du bist ein bisschen blöd, aber keine Sorge, ich erklär es dir.«

- Zwar bezieht sich der Begriff »Mansplaining« explizit auf das belehrende Verhalten von Männern gegenüber Frauen. Doch kennen auch viele Männer ähnliche Situationen, in denen eine andere (vorwiegend männliche) Person ihnen gegenüber von oben herab und belehrend auftritt und dadurch eine asymmetrische Situation (er oben, der andere unten) zu etablieren versucht.

- Personen, die sich in Meetings in langen Belehrungsexkursen ergehen, nerven die anderen Anwesenden. Manche schalten schon direkt zu Beginn ab, wenn bestimmte Leute anfangen zu reden, weil sie wissen, dass sie nur um des Reden willens reden und inhaltlich nicht viel dabei »rumkommt«.

- Ungefragte Belehrungsvorträge sind eine Form der Imponiertechnik, verbunden mit dem Wunsch, andere zu dominieren und besser dazustehen als diese. Mansplaining ist immer auch ein Versuch der Einschüchterung und Dominanz. Ob das funktioniert oder die Person sich mit diesem Verhalten eher lächerlich macht, hängt von der Situation und den Reaktionen des Gegenübers ab.

So umgehen Sie die Falle

Es gilt als unhöflich, andere zu unterbrechen. Ungefragte Belehrungen sind allerdings ebenso unhöflich und haben für den weiteren Diskussionsverlauf und das Ansehen der daran Beteiligten negative Folgen. Deswegen ist es durchaus legitim, solche Vorträge zu unterbrechen bzw. zu stoppen.

- In moderierten Gesprächen sollte die Diskussionsleitung eingreifen und Belehrungsvorträge frühzeitig stoppen: »Herr Dr. Kall, Frau Professor Felser ist ausgewiesene Expertin auf dem Gebiet der Festkörperchemie. Sie müssen ihr nicht erklären, wie ... funktioniert.« Am besten stellen Sie direkt im Anschluss an die Intervention eine die Diskussion voranbringende Frage.

- Ist keine Diskussionsleitung da bzw. interveniert diese nicht oder befinden Sie sich in einem Zweiergespräch, müssen Sie diese Exkurse selbst stoppen. Da die Belehrenden meist mit großer Behauptungssicherheit (siehe hierzu das folgende Kapitel) und entsprechender Präsenz und Körpersprache auftreten, müssen Sie dafür eine gewisse Energie aufwenden (Lautstärke, Betonung, Körpersprache), um dazwischen zu kommen: »Herr Dr. Kall, wir wissen/ich weiß, wie ... funktioniert. Lassen Sie uns die Zeit lieber nutzen, um ... zu klären.«

- In Gesprächen sollten Sie konsequent darauf achten, dass die Redezeit ausgewogen verteilt ist. Bei Bedarf sollten Sie dies auch so sagen: »Wir werden in diesem Gespräch nur zu einer gemeinsamen Lösung kommen, wenn Sie sich auch mit unserer Sicht der Dinge auseinandersetzen und unsere Interessen berücksichtigen.« Unterbrechen Sie, wenn der andere Sie unterbricht (»Lassen Sie mich ausreden!«) – und fahren Sie danach im Reden fort.

Behauptungssicherheit

Bei dieser Kommunikationsfalle werden sprachliche und nonverbale Mittel geschickt miteinander kombiniert. Sachverhalte, die unsicher oder noch nicht bewiesen sind, werden als sicher dargestellt. Eine bloße Behauptung wird als Fakt deklariert. Eine Person macht in einer bestimmten Form Aussagen, von denen sie nicht sicher weiß, ob sie tatsächlich stimmen, bzw., von denen sie weiß, dass sie nur bedingt oder vielleicht auch gar nicht richtig sind. Weder verbal noch nonverbal gibt sie irgendwelche einschränkenden Hinweise darauf, dass die gemachte Aussage vielleicht nicht sicher ist. Sicheres Auftreten, im Brustton der Überzeugung sprechen, keinen Zweifel zulassend – neben der ungenauen Darstellung der Fakten ist es vor allem das Auftreten der Person, das zur Täuschung beiträgt. Sie täuscht damit eine Sicherheit vor, die nach der Faktenlage gar nicht gegeben ist.

BEISPIEL

Herr Müller trägt in bestimmtem Tonfall und mit festem Blick vor: »Das kann man für exakt 40 Fälle nachweisen. Die anderen sind für unsere Studie irrelevant.« (1)

Inhaltlich korrekt wäre: »Wir haben 39 Fälle untersucht, in denen wir den Effekt eindeutig nachweisen können. Ob das auch auf andere Fälle zutrifft und verallgemeinerbar ist, wäre noch zu prüfen.« (2)

> Das genaue Gegenteil, nämlich Behauptungsunsicherheit, wäre die Anreicherung mit Relativierungen und Abwertung der eigenen Ergebnisse, kombiniert mit körpersprachlichen Signalen, die Unsicherheit vermitteln: »Also, ich denke, das stimmt so für ungefähr 40 Fälle. Was mit den anderen ist, das kann ich nicht sagen. Das weiß ich nicht so genau.« (3)

Behauptungssicherheit wird über die Formulierung erzeugt und notwendigerweise flankiert durch nonverbale Mittel, die Unzweifelhaftigkeit vermitteln. Im Beispiel liegt die unsichere Variante 3 zwar näher an der Wahrheit. In einem Meeting bekäme die behauptungssicher auftretende Person aus Variante 1 allerdings mehr Anerkennung, weil die Selbstabwertung der eigenen Studie wenig überzeugend wirkt. Will man nicht mit Mitteln der Täuschung arbeiten, ist die Variante 2 vorzuziehen. Sie ist inhaltlich korrekt und rhetorisch souverän: bestimmt formulieren, aber bei der Wahrheit bleiben.

Es handelt sich um eine Kommunikationsfalle, die recht effektiv wirkt, für die konstruktive Diskussion jedoch sehr nachteilig ist. Der Wirtschaftsnobelpreisträger Kahneman verweist in seinem Buch »Thinking, Fast and Slow« auf zahlreiche psychologische Experimente, die zeigen, dass falsche oder manipulierte Behauptungen an Glaubwürdigkeit gewinnen, je öfter sie gehört werden. Je vertrauter einem ein (scheinbarer) Fakt sei, desto glaubwürdiger wirke er. Das sichere Behaupten von halb- oder unwahren Infos ist also dann besonders erfolgreich, wenn man dies mit sicherem Duktus häufig genug wiederholt.

So umgehen Sie die Falle

Auch bei dieser Falle hilft Ihnen zunächst einmal nur Ihr Verstand. Lösen Sie sich von der Illusion, dass jemand etwas Wahres und Geprüftes von sich gibt, wenn er etwas als Faktum ausgibt und sehr überzeugend und sicher auftritt (verbal und nonverbal). Sie sollten unabhängig von der Formulierung und Sicherheit des Vortrags Distanz wahren und prinzipiell Zweifel zulassen: Leuchten Ihnen die Argumente ein? Wie begründet Ihr Gegenüber seine Annahme? Fragen Sie nach Details, z. B.: Was waren das für 40 Fälle, bei denen der Effekt zu beobachten war? Unter welchen Bedingungen fanden die Experimente statt? Welche Fälle sind irrelevant für die Studie?

> Die effektivste Maßnahme, um Behauptungssicherheit zu entlarven, ist die interessierte, freundliche und beharrliche Prüfung der Sachverhalte mittels Fragen.

Rechnen Sie allerdings damit, dass Sie in manchen Fällen aggressive Reaktionen auf Ihr Nachfragen erhalten. So kann es z. B. sein, dass Ihr Gesprächspartner Ihre Kompetenz infrage stellt und damit ein anderes manipulatives Mittel einsetzt, um nicht entlarvt zu werden und Sie mundtot zu machen. Lassen Sie sich dadurch nicht erschrecken oder von der Prüfung abhalten. Aggressive Reaktionen auf freundliche, sachlich begründete Nachfragen sind ein gutes Indiz dafür, dass die Behauptung bei weitem nicht so sicher ist wie behauptet. Zweifel sind in diesem Fall also berechtigt, angebracht und geradezu notwendig!

Schweigen, ignorieren

Dieses Kommunikationsmuster ist vor allem im Konfliktfall zu beobachten. Wer es an den Tag legt, bricht die Kommunikation mit anderen, die er unsympathisch findet, von denen er enttäuscht ist, komplett ab. Wenn er durch irgendwelche Umstände gezwungen ist, sich doch zu äußern, ist er einsilbig, manchmal mit einer Andeutung von Zynismus. Ohne funktionierende Kommunikation ist jedoch eine gute Zusammenarbeit kaum möglich. Nicht nur für die Betroffenen ist diese unerfreuliche Situation belastend. Auch die im Umfeld dieses Dauerkonfliktherdes arbeitenden Menschen leiden darunter. Die Vermeidung von Kommunikation ist ein Symptom für sog. kalte Konflikte, also Konflikte, die nicht offen, sondern durch nonverbale Mittel, Passivität, Krankheit, abfällige Andeutungen etc. gelebt werden. Werden Konflikte auf diese Art und Weise »ausgetragen«, können sie nicht gelöst werden. Die psychische Belastung für alle Beteiligten ist hoch, auch wenn die Mitwirkenden nach außen hin cool und regungslos erscheinen. Das aktive Ignorieren, Verdrängen, Sabotieren bindet Energie, die nichts bewirkt, weil sie kein befriedigendes Ergebnis zur Folge hat.

> Die Schweiger wirken in ihrer Verweigerung stark und üben damit auch Macht aus, wenn auch nur in destruktiver Weise. Ihr Verhalten wirkt aber nicht souverän. Es ist eine Form der Hilflosigkeit, der Kapitulation, der Unfähigkeit, konstruktive Wege der Kommunikation zu finden.

So umgehen Sie die Falle

Manche Situationen sind wirklich vertrackt und schwierig. Könnten die Schweiger sie konstruktiv lösen, würden sie es tun. Es ist völlig legitim, sich bei verfahrenen zwischenmenschlichen Problemen und schwierigen Kommunikationssituationen externen Rat und Hilfe zu holen. Ob Supervision, Coaching, Kurztherapie, Seminare zur Konfliktlösung, Beratung durch Personalabteilung bzw. den Betriebsrat, Mediation, Team-Offsite mit erfahrener Begleitung, bei religiösen Menschen Seelsorge, Lektüre zum Thema Konfliktbearbeitung bzw. Feedback – es gibt viele Varianten und Anlaufstellen, die einem helfen können, aus der Falle heraus wieder in einen souveränen, aktiven, lösungsorientierten Kommunikationsmodus zu kommen.

Pseudosachlichkeit

Auch wenn wir über Sachthemen sprechen, sind wir stets mit unseren subjektiven Gefühlen, Interessen und Neigungen involviert. So individuell, wie unsere Gehirne strukturiert sind, so individuell sind auch unsere Wahrnehmung, unser Erleben und die darauf basierenden Bewertungen. Zehn Menschen in der gleichen Situation erleben und verarbeiten diese auf zehn verschiedene Art und Weisen. Menschen mit diesem Kommunikationsmuster meiden jede sprachliche Form der Selbstoffenbarung. Sie versuchen, den subjektiven Charakter der eigenen Aussagen zu kaschieren. Sie umgehen sprachlich alle Formulierungen, die ihre subjektive Haltung deutlich machen. Stattdessen bevorzugen sie verallgemeinernde, scheinbar sachliche oder allgemeingültige Aussagen.

BEISPIELE

>>Das ist nicht sinnvoll. Man muss hier vielmehr ...<<

>>Wir müssen davon ausgehen, dass ...<<

>>Die Frage, ob das praktikabel ist, stellt sich hier nicht ...<<

In allen drei Beispielen, ist es die subjektive Einschätzung dieser Person, dass etwas nicht sinnvoll ist, dass etwas passieren wird etc. Sprachlich stellt sie es allerdings als Faktum, Sachaussage dar. Auch die Nutzung des Pronomens >>wir<< oder >>es<< statt >>ich<< ist eine Vermeidung der Selbstaussage. Eine andere Person käme mit ihrer Erfahrung und ihrer Einschätzung der Situation vielleicht zu einer anderen Hypothese. Eine andere Form der Vermeidung von Selbstoffenbarung ist das Formulieren von Fragen, Du-Aussagen, Wertungen oder Angriffen, statt direkt auszudrücken, wie man selbst etwas sieht.

BEISPIELE

>>Halten Sie das (wirklich) für sinnvoll?<<; >>Du bist doch sowieso nur an Zahlen interessiert!<<; >>Diese Kandidatin ist nicht geeignet, unser Unternehmen zu repräsentieren.<<; >>Wenn Sie sich mehr mit der Materie befasst hätten, würden Sie jetzt nicht so ein Zeug verzapfen.<<

Auch hinter diesen Aussagen und Fragen steckt eine subjektive Meinung in Bezug auf das gerade diskutierte Thema. Sie wird aber hinter scheinbaren Fakten versteckt. Eine persönliche, subjektive Sichtweise wird als Fakt dargestellt und damit scheinbar aufgewertet, so als redete eine Instanz und nicht ein einfacher Mensch. Die Botschaft, die mitgesendet wird, lautet: »Es ist so. Darüber brauchen wir gar nicht erst zu diskutieren.« Geht es um naturwissenschaftliche Gesetze oder andere verbriefte Fakten, ist diese Ausdrucksweise korrekt und angemessen. Formuliert jemand aber seine Einschätzungen, Meinungen, Prognosen in dieser Form, ist das nicht okay. Er täuscht damit über den subjektiven Charakter der Aussage hinweg.

Entpersönlichte Aussagen, vor allem kombiniert mit den körpersprachlichen Mitteln der Behauptungssicherheit, schüchtern andere Menschen ein. Man begegnet dem Gegenüber nicht auf Augenhöhe, sondern versucht, sich durch ich-verschleiernde, verallgemeinernde Aussagen über den anderen zu stellen. Wenn die Ich-Vermeidung in Fragen, Bewertungen oder Angriffe gekleidet auftritt, ist damit oft der Versuch verbunden, eigene Gefühle oder Meinungen zu kaschieren.

BEISPIEL

> Die Frage »Wollen Sie den wirklich einstellen?«, ist dann der Ersatz für: »Ich halte den Kandidaten für überhaupt nicht geeignet. Ich würde den auf keinen Fall einstellen.« Der Angriff »Sie haben doch keine Ahnung, worüber Sie da reden!«, hieße: »Ich ärgere mich darüber, dass Sie meine Studie infrage stellen. Ich glaube, Sie haben sich nicht intensiv mit diesem Stoff auseinandergesetzt.« Die Bewertung »Der Typ nervt. Er labert die ganze Zeit, unmöglich!«, hieße: »Ich komme schlecht mit diesem Typ klar. Ich finde, er redet ziemlich viel. Also, ich möchte ihn wirklich nicht in unserem Team haben.«

Ist jemand nicht in der Lage, seine eigenen Gedanken, Gefühle und Meinungen als Ich zu vertreten, kann das für andere auch ein Indiz für Schwäche sein. Andere denken: Hier fehlt es jemandem an Selbstbewusstsein, zu sich und seinen Haltungen zu stehen. Er hat es nötig, sich hinter verallgemeinernden, pseudosachlichen Aussagen, Fragen, Bewertungen und Angriffen zu verstecken. Insofern ist für sich genommen auch das konsequente Vermeiden persönlicher Formulierungen eine Selbstoffenbarung, allerdings eine unfreiwillige.

So umgehen Sie die Falle

Sind Sie selbst die Person, die zur Selbstoffenbarungsvermeidung neigt, haben Sie es selbst in der Hand. Sprache ist ein flexibles Instrument. Sie haben sich – wahrscheinlich weitgehend unbewusst – für bestimmte Situationen einen selbstoffenbarungsvermeidenden Sprachstil angeeignet. Wenn Sie das ändern wollen, können Sie es ändern.

▪ Nehmen Sie Ihre eigenen Gefühle, Einschätzungen, Wünsche in Bezug auf ein Thema ernst. Fragen Sie sich: Wie sehe ich das? Was empfinde ich? Was möchte ich? Überlegen Sie dann, was Sie davon kommunizieren möchten (selektive Authentizität, siehe hierzu das Kapitel »Unechtes Sprechen«). Coaching, Supervision und Seminare zur Persönlichkeitsentwicklung können Ihnen dabei helfen, die oft widersprüchlichen inneren Impulse zu erkennen und – statt sie zu unterdrücken – sicherer mit ihnen umzugehen. Dann wird es für Sie auch leichter, die zu Ihnen passende Form zu finden, die eigenen Gedanken, Gefühle und Wünsche authentisch und in einer für andere akzeptablen Form auszudrücken.

- Versuchen Sie, sprachlich sauber zu arbeiten. Stellen Sie Sachverhalte und Fakten als solche dar und markieren Sie Ihre Meinung/Gefühle sprachlich auch als solche. Ruth Cohn brachte das in ihren Kommunikationshilfen auf den Punkt: »Vertritt dich selbst in deinen Aussagen; sprich per ›Ich‹ und nicht per ›Wir‹ oder ›Man‹.«

BEISPIEL

Hier ein paar selbstoffenbarende Formulierungen: ich denke, ich meine, ich finde, ich habe den Eindruck, ich ärgere mich darüber; ich hätte mir erhofft, dass ...; ich vermisse dabei ...; was mich dabei irritiert/überrascht/geärgert/gefreut hat, ist ...

- Verstecken Sie sich und Ihre Haltung nicht hinter Fragen an andere. Fragen werden nicht selten als unangenehm empfunden, weil sie prüfenden, distanzierenden oder angreifenden Charakter haben (können). Eine weitere Kommunikationshilfe von Ruth Cohn bietet hier eine gute Orientierung: »Wenn du eine Frage stellst, sage, warum du fragst und was deine Frage für dich bedeutet. Sage dich selbst aus und vermeide das Interview.« Unechte Fragen, die Ersatz für die Darstellung der eigenen Haltung sind, erledigen sich dadurch von selbst.

Sind nicht Sie die Person, die zur Selbstoffenbarungsvermeidung neigt, sondern Ihr Gesprächspartner, ist es gut, wenn Sie dessen Kommunikationsstil als potenzielle Falle erkennen und dem entgegenwirken können:

- Bleiben Sie innerlich auf Augenhöhe, auch wenn das Gegenüber ein Gefälle (er oben/Sie unten) erzeugen möchte. Lassen Sie sich nicht einschüchtern. Letztlich zeigt Ihr Gegenüber mit diesem Verhalten eine Schwäche, nämlich die zumindest in der Situation vorhandene Unfähigkeit, zur eigenen Meinung zu stehen.

- Formulieren Sie die allgemeinen Aussagen des anderen subjektiv um. Er: »Das ist ineffizient. Das brauchen wir gar nicht zu diskutieren.« Sie: »Okay, Herr Kern. Sie halten dieses Vorgehen für ineffizient und würden es am liebsten von der Liste der möglichen Optionen nehmen.« So wandeln Sie die vorher allgemeine Aussage in eine subjektive – mit dem Etikett: Das ist Meinung und Wunsch von Herrn Kern. Im Anschluss an diese Umetikettierung können Sie Ihre eigene Sicht darstellen. »Ich halte diese Option nach wie vor für sehr interessant, deswegen möchte ich sie auch hier diskutieren, und zwar ...« Damit stellen Sie die Augenhöhe wieder her, ohne Herrn Kern und seine Meinung abzuwerten.

- Fragen Sie subjektiv nach und/oder formulieren Sie stellvertretend für die Person das Gefühl, das Sie bei ihr wahrnehmen. Denn schließlich zeigen auch pseudosachliche Selbstoffenbarungsvermeider ihre Gefühle – zwar indirekt und nicht eindeutig, aber doch für andere wahrnehmbar. Die paraverbalen Mittel (Betonung, Sprechmelodie etc.) und die Körpersprache geben sehr subtile Hinweise auf die Befindlichkeit des Gegenübers.

BEISPIEL

Fragen: »Warum halten Sie das für nicht effektiv?« Gefühle ansprechen: »Es hört sich so an, als hätten Sie schlechte Erfahrungen mit X gemacht ...«, »Sie wirken verärgert. Was genau stört Sie?«

Ihr persönlicher Anti-Fallen-Plan

Es gibt viele Kommunikationsfallen. Aber nicht alle sind für Sie gleichermaßen relevant. In manche tappen Sie vielleicht nie, in andere dafür regelmäßig.

In diesem Kapitel erfahren Sie u. a.,

- wie Sie sich einen Überblick über Ihre Lieblingsfallen verschaffen,
- was Ihnen dabei hilft, neue Wege um die Fallen herum zu entwickeln,
- wann und wo Sie sich externe Unterstützung holen sollten.

Der Fallen-Check

Sie haben unterschiedlichste Kommunikationsfallen kennengelernt und vielleicht sich und/oder andere in bestimmten Situationen und Verhaltensweisen wiedererkannt. Erkennen und
verstehen ist hilfreich, aber immer nur der erste Schritt, wenn
man etwas ändern möchte. In einem zweiten Schritt geht es
nun darum, zu überlegen, welche Kommunikationssituationen
es sind, die Sie künftig anders gestalten wollen. Verschaffen
Sie sich hierzu zunächst einen Überblick. Tragen Sie dazu in
die Tabelle unten ein, mit welchen Kommunikationsfallen Sie
in Ihrem Alltag konfrontiert werden, wie relevant die ein oder
andere Falle für Sie ist und ob bzw. wo Sie für sich Entwick-
lungs- und Übungsbedarf sehen. Hier die Erläuterung zu den
Kategorien der Tabelle:

Wie oft? Wie oft begegnen Sie den aufgeführten Kommunikationsfallen in Ihrem Alltag? (- nie, + immer wieder, ++ oft)

Okay? Mit welchen Kommunikationsfallen kommen Sie bereits
jetzt schon gut klar? ([✔] = kein Verbesserungsbedarf, ! = Verbesserungsbedarf)

Ich: Fallen, die Sie sich stellen und die es Ihnen erschweren,
Gespräche in konstruktiver Weise zu führen und Ihre Anliegen
wirksam zu vertreten (falls zutreffend, ankreuzen)

Andere: Fallen, die andere Ihnen stellen und die Sie in Schwierigkeiten bringen (falls zutreffend, ankreuzen)

Prio: Haben Sie in der Spalte »Okay« ein ! gesetzt, können Sie hier die Priorität vergeben, mit der Sie die Verbesserungen angehen wollen (A = hohe Priorität, B = ich kümmere mich darum, wenn ich die Fallen mit A-Priorität im Griff habe, C = wäre schön, diese Falle anzugehen, ist aber nicht so wichtig für mich).

Falle	Wie oft?	Okay?	Ich	An- dere	Prio
Viel reden					
Schnell reden					
Nur den Verstand ansprechen					
Versteckte Appelle					
Bei Provokation/Angriff zurückschlagen					
Bei Drohung/Angriff zurückweichen					
»Unechtes« Sprechen/ mangelnde Authentizität					
Imponiertechniken					
Hierarchie, Alter, Erfahrung ausspielen					
Bewusst inkongruente Kommunikation					
Taktisch inszenierter Ärger					
Pseudoschmeichelei					

Falle	Wie oft?	Okay?	Ich	An-dere	Prio
Andeutungen					
Kompetenz absprechen					
Persönliche Angriffe					
Prognosen					
Unwahre Tatsachenbehauptung					
Emotionaler Druck					
Defensive Sprache					
Widersprüchliche Signale					
Selbstabwertung					
Verharmlosende Körpersprache					
Belehrungsvorträge/ Mansplaining					
Behauptungssicherheit					
Schweigen, ignorieren					
Pseudosachlichkeit					

Neue Kommunikationsmuster etablieren

In diesem TaschenGuide haben Sie eine Auswahl typischer Kommunikationsfallen und ihre Erkennungsmerkmale kennengelernt. Sie wissen nun, wie man ihnen ausweichen oder offensiv begegnen kann. Doch das Erlernen und Festigen neuer Verhaltensweisen und Kommunikationsmuster erfordert Übung. Folgende Tipps können Ihnen helfen, Ihre kommunikativen Fähigkeiten auszubauen.

Tipps zur »Entwicklungshilfe«

- Geben Sie sich Zeit: Erwarten Sie nicht von sich, dass Sie von heute auf morgen alles anders bzw. besser machen. Bestimmte Verhaltensmuster haben sich über viele Jahre eingeschliffen; sie zu ändern, kann und muss nicht in einem Handstreich passieren.

- Glauben Sie an Ihre Entwicklungsmöglichkeit: Gerade, weil manche Änderungen etwas Zeit brauchen, ist es wichtig, dass Sie sich selbst als Coach in eigener Sache betrachten und am Ball bleiben, Ausdauer und Zuversicht zeigen. Bestärken Sie sich im Vertrauen auf Ihre Fähigkeit, Neues dazuzulernen, Ungutes zu ändern und Kommunikationssituationen konstruktiv zu gestalten. Sagen Sie sich: »Ich will das lernen und ich kann das lernen!«

- Sehen Sie genau hin: Sie haben erkannt, in welchen Situationen Sie in Fallen geraten. Beobachten Sie und werten Sie im Nachhinein aus: Was ist passiert? Wie ging es mir dabei? Wie habe ich mich verhalten, wie die anderen? Was ist mir gelungen? Was kann/möchte ich nächstes Mal genauso oder auch anders machen?

- Profitieren Sie von schnellem und langsamem Denken: Nutzen Sie Ihre Gefühle und Ihre Intuition als Hilfe, eine Situation und Ihren Zugang dazu schnell zu erfassen (schnelles Denken). Doch reagieren Sie in professionellen Kontexten nicht sofort. Geben Sie sich Zeit, die Situation auch analytisch zu betrachten (langsames Denken). Wenn Sie beide Systeme als Erkenntnisquelle nutzen, wird es Ihnen besser gelingen, auch in schwierigen Kommunikationssituationen so zu handeln, wie Sie handeln möchten.

- Freuen Sie sich über Ihre Fortschritte: Viele Menschen sind sehr selbstkritisch. Sie wollen sich entwickeln und tun dies auch. Dabei sehen sie aber vor allem das, was noch nicht so klappt. Sie wertschätzen ihre eigenen Fortschritte nicht. Das macht Entwicklung mühselig, unerquicklich, und es entmutigt. Achten Sie bei der Analyse von Situationen darauf, was gut gelaufen ist und was Ihr Anteil daran war. Freuen Sie sich über Erfolge.

Tipps zur »Entwicklungshilfe«

- Suchen Sie sich Unterstützung: Vor allem, wenn es um Verhaltensänderung geht, ist man auf die Rückmeldung und manchmal auch die Hilfe von anderen angewiesen. Suchen Sie sich Anlaufstellen in Ihrem privaten und beruflichen Umfeld, die Ihnen diese Unterstützung geben können.

Sich Unterstützung holen

Es gibt unzählige Angebote, die Hilfestellung zur eigenen Entwicklung geben. Dies können Seminare zu Kommunikation, Gesprächsführung, Konfliktlösung, Persönlichkeitsentwicklung oder sog. TZI-Kurse sein (www.ruth-cohn-institute.org/seminare.html), aber auch Supervision der beruflichen Arbeit, Coaching, individuelles Stimm-/Sprechtraining (www.dgss.de/kontakte/trainerinnensuche/), professionelle Seelsorge oder therapeutische Unterstützung. Gerade wenn belastende Verhaltensmuster sehr fest eingeschliffen sind, ist es sehr schwierig, das ohne die Hilfe und Expertise von anderen zu entwirren und neue Wege zu finden.

Da Kommunikation auch im beruflichen Alltag so wichtig ist, sind viele Unternehmen interessiert daran, ihre Mitarbeiter/Mitarbeiterinnen bei der Weiterentwicklung ihrer Fähigkeiten zu unterstützen. Oft ist es allerdings so, dass man von sich aus tätig werden muss und seine Interessen in der Firma kundtun muss: »Ich würde gerne ein Seminar zum Thema X besuchen.«, »Ich möchte für die Bewältigung einer schwierigen Situation im

Team Supervision/Coaching in Anspruch nehmen.« Begründen Sie dabei sachlich, was Sie sich davon versprechen, ohne allzu persönliche Details von sich preiszugeben (selektive Authentizität, siehe das Kapitel »Unechtes Sprechen«). Auch in Familienbildungsstätten, Volkshochschulen und anderen Erwachsenenbildungseinrichtungen werden Seminare und Ausbildungen angeboten, die bei der Entwicklung der eigenen Kommunikationskompetenz und Persönlichkeitsentwicklung helfen.

Stichwortverzeichnis

Impressum

Bibliografische Information der Deutschen Nationalbibliothek
Die Deutsche Nationalbibliothek verzeichnet diese Publikation in der Deutschen
Nationalbibliografie; detaillierte bibliografische Daten sind im Internet über
http://dnb.dnb.de abrufbar.

Print: ISBN: 978-3-648-09412-9   Bestell-Nr.: 10728-0001
ePub: ISBN: 978-3-648-09413-6   Bestell-Nr.: 10728-0100
ePDF: ISBN: 978-3-648-09414-3   Bestell-Nr.: 10728-0150

Anja von Kanitz
Kommunikationsfallen erkennen und vermeiden
1. Auflage 2017, Freiburg

© 2017, Haufe-Lexware GmbH & Co. KG, Munzinger Straße 9, 79111 Freiburg
Redaktionsanschrift: Fraunhoferstraße 5, 82152 Planegg/München
Telefon: (089) 895 17-0
Telefax: (089) 895 17-290
Internet: www.haufe.de
E-Mail: online@haufe.de
Redaktion: Jürgen Fischer

Konzeption, Realisation und Lektorat: Nicole Jähnichen, www.textundwerk.de
Satz und Druck: Beltz Bad Langensalza GmbH, Bad Langensalza
Umschlag: Kienle gestaltet, Stuttgart

Die Autorin

Anja von Kanitz

ist selbstständige Trainerin, Beraterin und Coach mit den Schwerpunkten Rhetorik, Kommunikation und Moderation. Sie verfügt über langjährige Praxis in der Personal- und Organisationsentwicklung von Unternehmen, Institutionen und Verwaltungen.

Weitere Literatur

»Argumentieren«, von Andreas Edmüller und Thomas Wilhelm, 256 Seiten, EUR 8,95, ISBN 978-3-648-01902-3, Bestell-Nr.: 00373

»Emotionale Intelligenz«, von Anja von Kanitz, 256 Seiten, EUR 9,95, ISBN 978-3-648-08018-4, Bestell-Nr.: 00355

»Lampenfieber und Prüfungsangst besiegen«, von Jörg Abromeit, 128 Seiten, EUR 9,95, ISBN 978-3-648-05656-1, Bestell-Nr.: 10700